天才孩子的教育

刘英杰 编

激活孩子财智的46课堂

黄河水利出版社
·郑州·

图书在版目(CIP)数据

激活孩子财智的46堂课/刘英杰编.——郑州：黄河水利出版社,2016.6
(天才孩子的教育)
ISBN 978-7-5509-1454-4

Ⅰ.①激… Ⅱ.① 刘… Ⅲ.①青少年-家庭管理-财务管理 Ⅳ.①TS976.15

中国版图书馆CIP数据核字(2016)第149682号

出版发行:黄河水利出版社
社　　址:河南省郑州市顺河路黄委会综合楼14层
电　　话:0371-66026940　　　邮政编码:450003
网　　址:http://www.yrcp.com

印　　刷:河南承创印务有限公司
开　　本:787mm×1092mm　1/16
印　　张:12.5
字　　数:170千字
版　　次:2016年6月第1版
定　　价:29.50元

目 录

第一篇　学龄前篇

许多家长认为，培养学龄前孩子的财智实在太早了。实际上，学龄前是对孩子进行启蒙教育的最佳时期。当然，这个时期的财智教育并不是让孩子学会理财，而是让孩子知道一些关于金钱的基本概念。比如，钱是什么，钱是怎么来的，钱有什么用途，钱是不是越多越好，应该怎样对待金钱，等等。最重要的是，父母应该让孩子学会一些对待金钱的美德。比如，懂得克制自己的欲望，珍惜物品的价值，学会节俭，不在物质上羡慕别人，等等。

本阶段学习要点：

◆钱币是怎样产生的

◆要尊重金钱

◆不能浪费金钱

◆人不能懒惰，财富是要靠劳动获得的

◆偷东西是可耻的，致富要走正道

◆人应该控制自己的欲望

第1堂课　让孩子认识钱

本课要点：

让孩子认识金钱的面额，了解一定面额的金钱可以购买一定的物品，从而学会珍惜金钱，不随便浪费金钱。

对小孩子来说，钱与纸片没有什么两样，他们不知道钱是什么东西，甚至真的把钱当成纸片来玩耍。一些父母认为，孩子对金钱没有概念是件好事，省得孩子过于追求物质。其实，这并不是好现象。因其一方面说明了孩子对金钱缺乏概念，从而无法真正去珍惜金钱；另一方面，也说明了孩子对金钱的不尊重。

2004年5月26日，深圳市布吉镇国展苑小区的某个楼上突然飘下许多百元大钞，不知情的路人争相哄抢，幸亏小区保安及时赶到，才阻止了他们的哄抢。

这从天而降的钞票到底是怎么回事呢？

原来，这些百元大钞是从国展苑小区10楼的陈先生家里掉下来的。陈先生说，当天上午10时左右，他和妻子正在客厅里招待客人。突然，楼下传来一阵喧闹声，陈先生走到窗口一看，发现窗外有许多百元大钞在飘，楼下的人们都在争相抢钱。陈先生再仔细一看，这钱居然是从自己家的窗口飘出去的。他急忙跑到卧室，竟看到自己的双胞胎儿女豪豪和祺祺正在向窗外扔钱。他赶紧上前阻止孩子，但是，孩子手中只剩下300元了，其余的6200元已经被孩子扔出了窗外。最后在保安的帮助下，陈先生只找回了3600元。事后，陈先生说，这些钱是自己给人做装修的订金，业主交给他6500元钱是让他用来购买建材的。陈先生拿到钱后就交给妻子了，妻子把钱放到了衣柜里。谁知，双胞胎儿女趁父母不注意，将钱翻出来扔出了窗外。两个孩子根本不知道自己闯下了大祸，他们只是觉得自己扔出窗外的是花花绿绿的纸片而已。

大部分孩子在年幼的时候对金钱没有什么概念，但是，当父母从钱包里掏出一张张钞票换成好吃的、好玩的、好穿的东西的时候，孩子们便不自觉地把“钱”看成了一个可以用来换取自己喜欢吃的零食和喜欢玩的玩具的神奇的东西。

儿童心理学家指出：孩子对金钱的兴趣可以说是与生俱来的，早期的金钱教育对儿童树立起正确积极的金钱观，形成良好的理财习惯与技巧有着不可估量的潜在作用。如果这时候的父母能够抓住机会让孩子正确认识金钱及其价值，对于孩子的成长是相当重要的。

0～3岁的孩子主要靠感觉来认知身边的事物，他们只有真实地看到物品，才能感知到这个物品的存在。因此，这个年龄段的孩子喜欢用手抓，用脚踢，或者用其他一些身体动作来认知这个世界。尽管此时孩子对金钱还没有什么认知，父母却可以迈出培养孩子金钱观的第一步了。这第一步就

是让孩子认识什么是钱，让孩子认识各种硬币和纸币。有些父母可能会认为，让孩子认识钱不是很容易吗？只要告诉孩子钱的面额不就行了。事实上，让孩子认识钱的面额只是理财训练的基础，更重要的是，父母应该让孩子掌握钱的实际价值和用途，让他们知道钱的重要性，懂得钱不是万能的，但是没有钱是万万不能的道理。

美国的父母们充分地认识到了这一点，他们往往会在孩子很小的时候就让孩子去触摸金钱，在直接的感官接触中加强对金钱的认识。他们总是拿出三四枚一分、五分、十分的钱币让孩子用手去触摸，通过这种方式使孩子对金钱形成一个感性的认识。等孩子熟悉了这些钱币，父母便会用一些物品来告知孩子钱的交换价值。如拿一颗价格一分的糖放在桌面上，然后拿出一分的硬币，告诉孩子，用一分钱可以换来一颗这样的糖。这样，孩子在认识钱的同时，也认识到了钱的价值和用途。他会想，原来钱是可以用来换东西的，那么我就不能轻易地挥霍，要用来交换自己真正想要的东西。

刚开始让孩子认识钱的时候，父母们可让孩子先认识分和角，等孩子熟悉分和角后，接着让孩子认识元。在日常生活中，父母可以经常和孩子玩一些购物的游戏。例如，可以将家中的日常用品，如毛巾、牛奶、牙刷、饼干等贴上标签，用来表示它们的价格。当然，这些价格要与物品实际价格相符，以免误导孩子。然后，父母就可以与孩子轮流扮演"售货员"和"顾客"了。当然，父母要清楚地知道，金钱教育的关键是不仅让孩子知道金钱可以换取很多有用的东西，从而学会珍惜、不浪费，更要让孩子懂得应该用自己的劳动去获得金钱。

值得注意的是，教孩子认识钱并不代表让孩子把钱币当成玩具来玩。对于年幼的孩子来说，硬币有时候是一种致命的玩具。为了避免孩子误吞硬币，父母们可以使用画有钱币的图片来让孩子认识各种钱。

亲子小游戏——让我们来认识钱

材料：《钱币收藏册》。

游戏目的：让孩子认识各种钱币的形状和价值。

活动内容：

1.父母可以购买或者借阅《钱币收藏册》，与孩子一起观看不同国家、不同年代的各种钱币。

2.父母向孩子重点讲解中国的钱币，告诉孩子，中国的纸币上都有中国的国徽，另外纸币上还印有一些伟人和少数民族人物的头像。

3.父母可以让孩子识记一些钱币的图案和特点，然后合上钱币收藏册，让孩子回忆并描述。

亲子小故事——钱币的起源

在很久很久以前，人类社会中是没有金钱流通的。当时，人们的生活非常艰苦，吃的、穿的、用的都是自己生产出来的。

比如，一个人想吃菜，就自己到地里去种菜；想吃猪肉，就自己去养猪；想吃鱼，只好自己到河里去捕鱼。但是，一个人不可能又种菜又养猪，同时再去捕鱼，因为这样会很累。于是，这个人就会只种菜，或者只养猪，或者只捕鱼。刚开始，人们都是这样养活自己的。后来，种菜的人想吃鱼了，于是，他就用自己种的菜跟捕鱼的人去换鱼。第一次，正好捕鱼的人也想吃菜，于是两人就交换了。但是，当种菜的人再一次跟捕鱼的人去换鱼吃的时候，捕鱼的人却不想吃菜了，他想吃猪肉。怎么办呢？这时，正好有个养猪的人想吃菜，于是，种菜的人就用自己种的菜跟养猪的人去换猪肉，然后再用猪肉跟捕鱼的人去换鱼，这样问题就解决了。

可是，接下来的问题又来了，这次种菜的人想换猪肉吃了，可是养猪的人却想吃米饭，而种稻谷的人却想吃鱼，捕鱼的人又想吃番薯，种番薯的人想吃菜。怎么办呢？于是，有人想出了一个办法，那就是用布帛作为流通工具。也就是说，种菜的人只要跟织布的人交换，把菜换成布帛，然后用布帛跟养猪的人去换肉就行了。然后，养猪的人也用布帛跟种稻谷的人去换米。其他的人也是如此，这样，布帛就成为实物货币，所以货币实际上只是一种流通工具。

在历史上，牲畜、海贝、布帛、粮食、皮毛等物品都充当过货币。现在，我们用的货币叫做人民币，它是由国家银行——中国人民银行发行的。人

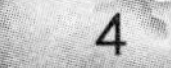

民币的单位是元，辅币是角和分。一元为十角，一角为十分。元、角和分有纸币也有铸币。第五版人民币元的票面有1元、5元、10元、20元、50元、100元，角的票面有1角、5角。人民币元的缩写符号是RMB￥。

问孩子的问题

1. 你知道钱币是怎么产生的吗？
2. 钱币的本质是什么呢？
3. 目前，我们国家的货币是什么？

参考答案

1. 因为人们有交换物品的需要，从而产生了钱币。
2. 钱币的本质是一种流通工具，帮助人们实现物品交换的需求。
3. 目前，我们国家的货币是人民币。

第2堂课　钱是怎么来的

本课要点：

让孩子知道钱是通过劳动挣来的，每个人都需要通过劳动去挣钱。

如果问问你的孩子，钱是怎么来的，相信孩子的答案会出乎你的意料。

“钱是从爸爸妈妈的口袋里拿出来的。”

“钱是从银行里拿出来的。”

“钱是领导发下来的。”

“钱是树上长出来的！”

调查结果显示，只有20%的孩子知道钱是通过劳动挣来的。曾有心理学家指出，很多孩子不知道金钱是从何而来的。尤其是随着自动提款机的普及，许多孩子往往以为从自动提款机就能获得无限多的钱。在孩子们的心里，金钱是随便就能得来的一种东西。这种心理会直接导致孩子不懂得珍惜父母劳动得来的金钱。因此，向孩子解释钱是怎么来的非常必要。

如果孩子看到你用信用卡购物的时候，他往往会问：“为什么买东西的时候要付钱呀？”你可以这样告诉他：“你看到这张小小的卡片了吗？这叫信用卡。我在买东西的时候，商店会通过电脑告诉银行我花了多少钱，然

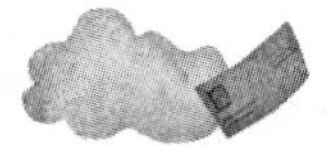

后，银行会用我存在银行里的钱付给商店，因此我还是付了钱给商店的。”许多父母不愿意向孩子提起自己工作挣钱的事，认为这会让孩子过早世俗化。事实上，让孩子尽早接触金钱是一件好事，因为他们可以早一点从生活中学习如何合理使用金钱，从中汲取经验，当他们长大了以后，就不会对金钱陌生，在理财方面会有条有理，背上巨额债务的可能性也会降低。

父母在对孩子进行金钱观的教育时要善于抓住时机，孩子主动提问的时候，正是教育他的好机会。父母应该尽量用孩子能够理解的语言向孩子解释各种问题。比如，当孩子问妈妈，我们家是不是有很多钱时？父母可以这样回答：“我们家的钱是爸爸妈妈工作得来的，如果爸爸妈妈不去工作，就会没钱给你买东西。以后你长大了，也应该努力工作。”明智的父母应该认认真真地告诉孩子，钱是父母通过辛苦的劳动赚来的，是父母的血汗钱。如果父母不去劳动就没有经济来源，也就无法获得生活必需品，因此每个人长大后都要通过劳动去获得金钱。小孩子在还不能自己挣钱的时候，一定要珍惜爸爸妈妈赚来的钱，不能浪费。

在美国，每年的4月23日为“带子女上班日”，这个节日已经推行了6年。许多公司都会事先准备好各种物品和设施，并安排相关人员组织当天的活动。因为这一天，很多公司的办公室里会迎来许多活泼可爱的小朋友，他们可以在办公室随便嬉闹，还可以享受到免费的早餐和午餐，参加父母的企业为他们组织的活动，随便参观企业的各个地方，不仅可以了解父母的工作环境，而且还可以增长知识和见闻。

“孩子们需要知道，钱是挣来的，不是别人给予的。我见过不少人，他们认为所就职的公司欠他们一份薪水，而不是感到自己有尽力干好工作的义务。”一位妈妈这样说。

事实上，教孩子“钱是怎么来的”机会很多。当你带着孩子外出的时候，看到街上有人打扫卫生，就可

以告诉孩子，叔叔阿姨在打扫卫生，这样不仅可以让我们的街道变得干干净净，而且他们还可以通过劳动挣到钱；当看到警察时，可以告诉孩子，警察叔叔在维护我们的安全，他们也是在工作，这样，他们可以挣到钱。看到其他各种职业的人在工作时，父母都可以告诉孩子，这些人在工作，他们通过工作来获得相应的工资，不工作的人是没有经济来源的，因此每个人长大后都应该去工作。

当孩子看到不同的人过着不一样的生活时，父母可以进一步告诉孩子，不同的工作可以得到不同的报酬，为了得到更多的报酬，每个人都应该努力学知识，获得技能。要告诉孩子，只有有才能的、努力的人才能得到更多的报酬。

亲子小游戏——我们一起去取钱

材料：银行卡、一张100元钱币。

游戏目的：让孩子认识到钱是劳动得来的，银行里的钱是需要先存入才能取出来的。

活动内容：

1. 首先，父母带着孩子去银行，先把事先准备好的100元存入银行。同时，父母要告诉孩子，向银行取钱，要事先把钱存在银行，如果不存钱是取不出钱的；存在银行的钱非常安全，只有存的人才能取出来；如果有需要，随时可以取出已经存入的钱。

2. 然后，父母带着孩子走到自动提款机前，用银行卡把刚才存入的100元取出来。同时，父母要告诉孩子，这100元就是刚才存入的100元，并向孩子出示取款清单，表明银行列出了已经取钱的清单。

亲子小故事——十两银子的故事

从前有一个美丽的姑娘，家里非常贫穷，但是心肠非常好，非常喜欢帮助别人。她家村后的山上有个比她家更贫穷的人家，这个姑娘经常与这家人一起劳动，并且和这家人一起游戏，同时希望自己的生活能够越过越好。这户人家虽然贫穷，但是非常节约，他们辛辛苦苦积攒了十两银子准

备日后给儿子结婚用。

有一天,姑娘生病了,陷入了困苦之中,发愁如何渡过这个难关。这个时候,这户人家就下定了决心,将他们的十两银子送给了这个姑娘用于治病,不久以后,姑娘的病好了。姑娘表示说她一定会报答这家人。不久以后,一个偶然的机会,姑娘就被选进宫做了皇后,但是她很快就把这家人忘记了,也不来看望他们了。有一次,做了皇后的姑娘想起了那次治病的事情。于是有一天,她带了一队人马又一次来到这个人家。这次,皇后给了这家人许多银子。这家人却没有了当初对姑娘的热情,显得并不是很高兴的样子。皇后不解地问他们:"当初你们只给了我十两银子,现在我还给了你们这么多银子,你们应该高兴才对啊?"这家的家长语重心长地说:"皇后呀,以前我们只给了你十两银子,但是这十两银子却是我们辛苦攒起来的,虽然钱不多,却表明了我们的诚心。现在,虽然您给了我们许多银子,但是,这些钱对您来说已经不再重要了。"皇后明白了,原来,钱不在多,而在于是不是诚心。从此以后,她经常来看望这家人,他们又重新成为好朋友。

问孩子的问题

1.你觉得这家人第一次给的十两银子多不多?

2.为什么皇后后来给了很多银子,这家人却不高兴呢?

3.你觉得给别人的帮助越多越好吗?

4.你知道爸爸妈妈的钱是怎么来的吗?

参考答案

1.从数值上来说不算多,但是,这十两银子是这家人全部的积蓄,因此对他们来说非常多。

2.因为这些钱并不能反映皇后的诚心,这些钱并不是她辛辛苦苦劳动挣出来的。

3.不是,给别人的帮助不在于多,而在于诚心。

4.爸爸妈妈的钱是通过自己的劳动得来的。

第3堂课　钱有什么用

本课要点：

让孩子明白钱可以用来购买各种物品，但是，金钱不是万能的，有些东西用金钱是买不到的。在教孩子认识钱币的过程中，孩子已经明白了钱能够购买自己需要的东西。比如，购买吃的、穿的、用的。当你想让孩子认识到钱的真正作用时，你可以有意识地问孩子："钱有什么用？"尤其是当孩子向父母要钱的时候，父母可以问孩子拿钱去做什么。

实际上，在孩子回答这个问题的时候，更多的孩子是着眼于自身的欲望。比如，他们会说，"钱可以买酸酸乳！""钱可以买变形金刚！""钱可以买漂亮的裙子！"等，他们开始只停留于金钱的物质层面的作用，还不太理解金钱的精神享受以及对别人的帮助等。这就需要父母及时帮助孩子去了解。除了让孩子知道钱能够购买东西，也最好能让孩子从小就懂得，钱也可以帮助别的人。比如，可以告诉孩子，还有很多地方的小朋友上不起学，买不起书。父母可以鼓励孩子把自己的零花钱捐给贫困地区的小朋友。

理财专家们认为，金钱不单单只是经济和商业构想或利益的产物，更能满足个人情感、思想，也是激发人行动的动力。金钱不仅仅与物质生活密切相关，同时也构成了精神、文化的一部分。因此，父母应该让孩子明白，金钱除了能购买到自己需要的物品，还能用以支付一些用来学习和精神享受的物品，用以支付体育用品和娱乐活动的费用，也可以把钱捐献给一些困难的人群，帮助他们解决困难等。

事实上，我们在给年幼的孩子讲解钱有什么用的时候，并不能指望他们能够完全理解金钱的作用。但是，作为父母，我们应该让孩子树立这样一个观念，即"钱是有用的，但是，钱也不是万能的"。只有让孩子明白这个道理，孩子才不会成为金钱的奴隶。

因此，在给孩子讲解钱的作用的时候，父母尤其要让孩子明白，金钱不能买的东西有很多，如生命、健康和快乐。一个人如果没有这几样东西，纵

使有再多的钱也是没用的，无论吃什么好饭，穿什么华衣，住多么好的房子，有多少好玩的东西，他们仍会处于苦痛和缺乏中。

美国“钢铁大王”卡内基就曾对他的孩子说：“金钱不能换来感情。”他说：“如果我特别大方，给你们很多钱，那你们可能只记得我的钱，记不住我这个人。如果我特别抠门，可能也得不到你们对我的感情。所以，我宁愿多花些时间关心你们，培养你们的感情。因为在关爱面前，金钱就显得无能为力了。你们应该牢记最能打动人心的不仅是价格，还有情感。”这正是许多父母应该让孩子明白的道理。

亲子小游戏——买东西

游戏目的：让孩子在跟着父母买东西的过程中认识到钱的实际价值。

活动内容：

父母带着孩子去超市购物，先让孩子寻找标价1元的商品，同时告诉孩子，每件标价1元的商品，父母需要支付1元钱才能获得。然后，父母可以让孩子选择1种标价1元的商品，并带着孩子到收银台去结账。

依此类推，让孩子明白5元、10元钱的价值。

亲子小故事——喜爱金子的国王

古时候，有一个喜欢金子的国王。他白天想着金子，晚上做梦也想着金子，总是希望自己能够拥有满屋子的金银财宝。为了达到这个目的，国王派人四处寻找会点金术的人。

有一天，一个衣着破旧自称会点金术的人找到了王宫，要求面见国王。国王听说后急忙把这个人请进皇宫。国王一见到那人，赶紧问道：“你真的会点金术吗？”这个人恭恭敬敬地回答：“我怎么会欺骗国王呢？”国王高兴极了，忙说：“你教我点金术，我可以满足你当官的要求。”那个人却回答道：“我不要做官，只要您准备两个月的日常用品跟我一起去练点金术就可以了。”国王听了那个人的话，就立即派人准备日常用品。国王心想：“等我学会点金术回来，就有花不尽的金子了。”于是，国王告别了皇后和王子公主们，高高兴兴地跟那个人走了。

经过两个月的学习，国王真的学会了点金术！

于是，国王准备回王宫去。刚到王宫门口，国王就看到皇后带着王子公主们出来迎接他。国王非常想念皇后，赶紧迎上去抓住皇后的手，说："皇后，你好吗……"话刚出口，皇后立即站在那里不动了，变成了一座金雕像。这时，国王最心爱的王子看到母亲变成了金雕像，便扑上来跪在雕像前面痛哭起来，边哭边喊："母后！母后！"国王看到这种情景，心都碎了，俯下身子，心疼地擦去王子的眼泪。谁知，国王的手刚触碰到王子的面颊，王子就跪在那里不动了，也变成了金人像。其他的王子和公主见此情景，吓得都逃进了王宫，再也不敢见国王。国王非常伤心，但是，经过长途跋涉，感到又饥又渴，于是跑到厨房去吃东西。他见到厨房桌子上放着点心，拿起来就咬。谁知，刚咬下去，却"哎哟"一声大叫起来。原来，点心被国王碰过以后也变成了金子，国王的门牙都咬掉了。最后，国王实在想不出什么好办法来吃东西，只好孤独地躺到床上，伤心地流泪。他拉起被子盖在身上，谁知，厚厚的被子也变成了沉甸甸的金子，把国王活活给压死了。

问孩子的问题

1. 世界上真的有点金术吗？

2. 国王学会了点金术后，他是不是得到了快乐和幸福？

3. 国王为什么会死？真正的原因是什么？

4. 你觉得钱是不是越多越好？

参考答案

1. 世界上并没有点金术，金钱是需要我们通过劳动去获得的。

2. 国王虽然学会了点金术，但是，他并没有得到快乐和幸福，因为所有他接触的东西都会变成金子，以至于在饥饿时连食物都吃不到，所有的人也都不敢再靠近他。

3. 虽然故事里说国王是被金被子压死的，但实际上，国王是被他的贪婪压死的。因此，我们不能做一个贪婪的人。

4. 钱并不是越多越好，生活中还有其他更重要的东西，比如健康、亲情、

友情。因此,我们在努力创造财富的同时,更应该爱惜身体,珍惜身边的人和事物。

第4堂课　钱越多越好吗

本课要点:

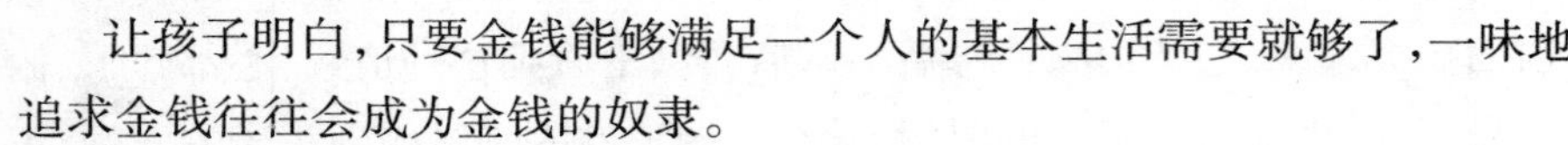

让孩子明白,只要金钱能够满足一个人的基本生活需要就够了,一味地追求金钱往往会成为金钱的奴隶。

“妈妈,给我一元钱!”

“妈妈,小明的妈妈给了他五元钱,我也要五元!”

如果孩子知道了钱可以用来购买自己想要的东西后,他肯定会希望自己有许多的钱。不管父母有没有钱,孩子都会向父母要更多的零花钱,这时候,父母千万不要担心,这是孩子非常正常的一种心理。当然,父母并不需要在孩子向自己要钱的时候就给他,如果孩子开口,父母就给钱,孩子就会养成贪婪的坏习惯。实际上,对于孩子来说,他并不需要这么多钱,他只是觉得别人有,他也得有。这种心理只要父母引导一下,孩子就会纠正过来。

作为父母,应该让孩子明白,金钱确实可以满足自己的一些需求,但并不是所有的需要都可以通过钱来满足。钱也不是越多越好,只要能够满足自己的基本需要就可以了。如果一个人对金钱过于贪婪,往往会成为金钱的奴隶。

安德鲁·卡内基曾经说过:“不要以为富家的子弟,得到了好的命运。大多数的纨绔子弟,做了财富的奴隶,他们不能抵制任何的诱惑,以致陷于堕落的境地。要知道,享乐惯了的孩子,绝不是那些出身贫贱孩子的对手。一些穷苦的孩子,甚至穷苦得连读书的机会也没有的孩子,成人之后却成就了大事业。一些普通学校一毕业就投入企业界的苦孩子,开始做着非常平凡的工作。可这些苦孩子,也许就是无名的英雄,将来能拥有很丰富的资产,获得无上的荣誉。”

有些父母尽管自身的经济条件并不好,但因总觉得亏待了孩子,出于

对孩子的补偿心理，往往会加倍地给孩子钱或物品。实际上，这种想法是不正确的。对于父母来说，并不需要因为自身经济状况较差而对孩子产生愧疚的心理，因为金钱并不是越多越好，如果父母自身没有认识到这一点，孩子对金钱的认识必然也是畸形的。

因此，在日常生活中，父母不要一味地用金钱和物质来满足孩子，要多注重孩子的精神需求，比如多与孩子沟通，设定晚间亲子沟通时间等，增加一些亲子的游戏和活动，节假日多带孩子外出郊游等；可以给孩子讲一些关于金钱的故事，让孩子明白金钱既有好处，也有一定的坏处。另外，父母应该让孩子明白炫耀是一种不好的品质，一个人不管在花钱还是做其他事情的时候，都要考虑到自己的行为有没有伤害到他人。这样，才能帮助孩子树立健康的金钱观。

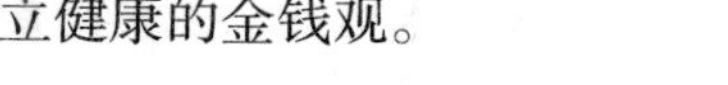

亲子小游戏——做生意

材料：各种玩具，诸如水果模型、汽车模型、布娃娃等；用硬纸片制作一些不同面额的钱币（大小可比真钱币大一些）。

游戏目的：让孩子在游戏中明白价格与价值应该是相符的。

活动内容：

1. 父母先扮演商人，让孩子扮演消费者。把自制的钱币给孩子，让孩子拿出一定的钱币来购买父母拥有的商品。

2. 在游戏过程中，父母要考虑好各种玩具的价格，如果孩子出价低了，应该提醒孩子，并让孩子加价。如果孩子出价高了，应该告诉孩子，此商品不值那么多钱，并把多余的钱币退还给孩子。

3. 角色转换。父母扮演消费者，孩子扮演商人。

4. 在游戏过程中，父母可以故意出价不对，给孩子机会去发现物品的价格与价值不相符。

亲子小故事——钱多的烦恼

过去有个姓万的商人，做获利很小的大米生意，除了吃饭，还能够有点余钱。每当万先生赚了钱，他总是小心翼翼地把钱存放在铁罐子里，存放

到一定时期,他就到农村收购粮食。万先生就是用这样的方法,小心翼翼,慢慢地扩大着自己的经营规模。十几年以后,万先生的米号,已是城里一个比较有规模的米号。

有一天,万先生到乡下收购粮食,在路上忽然捡到了一个花瓶。有点文物知识的万先生把花瓶看了半天,才看清是明代皇宫里的宝物。所以,赶紧拿回了家,以后又转手卖给了一个文物收藏者。由此,万先生一下子发了大财。

面对大把金钱,万先生有点不知所措。"还是把生意做得大点,让钱滚钱。"万先生这样想着。所以,万先生买进了大批的粮食,准备好好赚一笔。

另外,看见万先生发了意外大财,那些亲戚、左右邻居都来万家乞求施舍。而万先生却很大方,非常慷慨而且来者不拒。他想,反正我有的是钱。很快,万先生的万贯家财都挥霍一空。更糟糕的是,原先买了大批粮食,由于碰到梅雨季节,一下子就变质发霉。万先生因此赔了本,破了产。

问孩子的问题

1. 原来万先生过得快乐吗?

2. 万先生是凭着自己的劳动突然致富的吗?

3.万先生有钱后，他是怎么做的？

4.万先生的结局是怎样的？

5.钱真的越多越好吗？

参考答案

1.即使钱很少万先生也很快乐。

2.他仅仅是一时的好运气，并不是靠双手劳动所得。

3.他盲目地扩大投资，还招来不少借款。

4.最后万先生破了产。

5.要懂得靠双手勤劳致富，并善于把握财富。

第5堂课　要尊重钱币

本课要点：

让孩子明白钱币是一种交换工具，每个国家都有自己的钱币，我们应该尊重钱币。有些孩子在不太了解金钱作用的时候，往往会把钱币当成纸片，从而出现撕破钱币，随便践踏钱币的不良行为。这时候，父母千万不能忽视孩子的这种行为。

如果父母对孩子的这种践踏钱币的行为熟视无睹，或者觉得没有必要教育孩子，那将会让孩子形成一种错误的认识。那就是“金钱其实跟纸片没什么两样！”“只要我高兴，我就可以随意撕毁钱币！”这些不良的认识正是孩子浪费金钱、挥霍金钱的源头。明智的父母一定要教给孩子关于钱币的正确知识，让孩子尊重钱币。只有学会尊重金钱的孩子，才会端正对金钱的态度，学会取之有道、用之有度。有些父母认为金钱只是一种世俗之物，尤其是一些家庭比较富裕的父母，往往对金钱表现出不屑的态度。实际上，这种态度是不对的。父母怎么对待金钱，孩子也会怎样去对待金钱。尽管金钱确实被一部分父母所鄙视，但是，无论是过分崇拜金钱，还是过分鄙视金钱，都是不正确的金钱观。因此，在教育孩子尊重钱币的时候，父母首先要端正对钱币、对金钱的态度。

尽管，货币只是一种符号和工具，只是用来交换商品，其本身是没有价

值的。但是,钱币上往往都印了本国的国旗、国徽等,这就使钱币拥有了另一层含义,即有时候一个国家的钱币往往代表着这个国家人民的尊严。父母要给孩子讲解关于钱币背后的故事,比如我国钱币上有什么图案,代表什么意义等,让孩子从小就树立爱国思想。爱国是一种优秀的品质。具有爱国思想的孩子,当面对国家利益与金钱之间的选择时,会毫不犹豫地选择国家利益。金钱虽然重要,但作为一个国家的公民,爱国是最基本的品德。如果孩子长大后因为金钱而出卖国家,相信您并不会因此而感到骄傲。

在教育孩子尊重钱币的时候,父母应该同时教育孩子尊重周围的人和事物,这是孩子树立正确对待人、财、物最基本态度的好时机。

亲子小游戏——帮妈妈捡起来

材料:一些钱币。

游戏目的:让孩子明白,尽管他现在还不能挣钱,但钱是有价值的和有尊严的,必须珍惜。

活动内容:

妈妈可以故意把各种面额的纸钞掉在地上,然后要求孩子去捡。如果孩子没有去捡,妈妈应该这样引导孩子:“孩子,帮助妈妈把这些东西捡起来好吗?妈妈很需要这些东西,我们不应该乱扔!”如果孩子帮助妈妈去捡了,妈妈应该及时表扬孩子:“真是个好孩子!”

亲子小故事——两分钱的故事

对于富翁来说,两分钱似乎是不值得珍惜的,因为,他们有太多太多的钱!但是,有一个富翁的做法却让大家都非常奇怪。他就是李嘉诚——香港有名的富翁。

有一天,李嘉诚在乘坐汽车的时候,把一枚两分钱的硬币掉在了地上。圆圆的硬币滚向阴沟,李嘉诚正准备蹲下身来去捡。这时,一位保安走过来捡起了这两分钱,然后交给了李嘉诚。李嘉诚把硬币放进了自己的口袋,然后,又从口袋里取出一张100元的钞票递给保安,说:“谢谢你,小伙

子!"保安觉得自己只是为李嘉诚捡起了两分钱,李嘉诚却给自己100元,觉得很不好意思。李嘉诚却说:"小伙子,这是你应该得到的。"

后来,有记者问李嘉诚为什么要去捡两分钱,为什么要给保安100元。李嘉诚回答:"如果我不去捡那枚硬币,它就会滚到阴沟里,这个世界上就没有这两分钱了,这两分钱就被浪费掉了。我给保安100元,不仅因为他捡起了两分钱,而且100元到他手里可以用来消费,这不是浪费。钱是自己辛辛苦苦挣来的,不能白白浪费了。"

问孩子的问题

1. 如果你掉了两分钱,你会去捡吗?

2. 你觉得李嘉诚捡起了两分钱,却给了保安100元,是不是做了件愚蠢的事情?

3. 保安的这种行为是不是值得表扬?

参考答案

1. 应该去捡,因为我们不可以浪费每一分钱。

2. 不愚蠢。因为在李嘉诚看来,两分钱如果掉到阴沟里就被浪费掉了,而给保安100元则是对他这种精神的报,而且他知道保安不会浪费这100元钱。

3. 值得表扬。

第6堂课　要想富就要勤劳

本课要点:

让孩子明白,财富需要通过自己的劳动获得,不管是大人还是小孩,都应该做一个勤劳的人。

对年幼的孩子来说,在他需要某件物品的时候,只会伸手向父母要。随着孩子年龄的增长,慢慢学会伸手向父母要钱,然后自己去购买想要的东西。孩子根本不知道,父母的钱是通过劳动得来的。有时候,尽管孩子知道钱是父母劳动挣来的,但是,因为劳动的不是孩子,他就无法理解勤劳与金钱之间的关系。对孩子来说,他缺乏劳动的感性体验。因此,父母在日

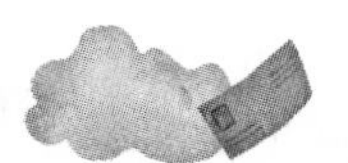

常生活当中应该让孩子明白，一个勤劳的人才能成为一个富有的人。

父母不要试图让孩子知道自己会给他许多财富，一位著名的实业家曾经有一段很精彩的话：“我每次听到别人谈论多赚些钱留给子孙，总觉得他们这种做法夺去了儿女种种冒险生活的乐趣。他们多留一块钱，便使儿女多一分软弱。最宝贵的遗产，是要儿女能自己开辟生活，能自己立足。”是的，授人以鱼不如授人以渔。给孩子巨额的财富不如培养孩子勤劳、努力的人生态度。良好的品格和态度是孩子一生用之不尽的财富，而再多的物质财富也经不起挥霍。

对年幼的孩子来说，父母可以有意识地强化孩子的勤劳意识。比如，当孩子看到蜜蜂采花的时候，父母可以说：“多勤劳的小蜜蜂呀，采了蜜就可以吃了！”当孩子看到爸爸早出晚归的时候，妈妈可以提醒孩子：“你看爸爸多勤劳，这样，我们就可以过着幸福的生活了！”当孩子饿了，妈妈给孩子准备饭菜的时候，可以让孩子做一些力所能及的事情，并告诉孩子：“做个勤劳的人，就会有饭吃，就不会饿了。”这样，孩子在潜移默化中，就会渐渐明白要想富就要勤劳的道理。尽管有时候富裕与勤劳并不能画等号，但是，勤劳的孩子总是更具生存能力。相信没有一个父母希望自己的孩子懒惰。

亲子小游戏——自力更生

游戏目的：让孩子自己动手做一些力所能及的事情，培养孩子的劳动意识。

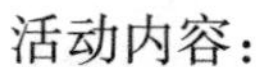

活动内容：

1. 如果孩子想要喝牛奶，可以让孩子跟着父母一起去拿，或者一起去买，让孩子明白想要吃东西就要自己动手。

2. 如果孩子想要吃一些特殊的食物，可以让孩子帮父母做一件小事情，比如拿东西等，让孩子知道劳动换取食物。

3. 全家人如果要吃水果，可以让孩子帮

忙去拿，并挨个分给父母。告诉孩子，买水果的钱是父母劳动挣来的，而孩子为父母拿水果，也是付出了劳动。

亲子小故事——五个懒兄弟

很久很久以前，有五个兄弟。这五个兄弟一个比一个懒惰。五兄弟有一块菜地。一天，他们到地里种了一畦白菜。五个懒兄弟谁也不愿多干一点活，个个磨磨蹭蹭的，直到晚上才干完。

白菜虽然是种下去了，可是收割前每天都要浇水、除草、施肥，但五个懒散兄弟谁也不想天天干活。怎么办呢？于是，五兄弟决定以后每天轮流到地里去干活。

第一天，轮到老大去浇水。他走到半路，便停住了脚步，心里想：走到地里还需要走很远，这么远的路太累了，再说了，一天不浇水也没关系，明天老二就去浇水了。于是，老大把水桶放进路边的水沟里浸湿，然后就回家了。其他兄弟谁也没有怀疑大哥。第二天，老二去浇水。走到半路，老二也懒得去了。他想：昨天大哥已经浇了水，明天三弟还要去浇水，我一天不去，菜还是会长的，还是不去了！想到这儿，他就跟老大一样把水桶浸湿，然后就回家去了。老大见到二弟回来，生怕自己没浇水的事情败露，于是小心翼翼地问道："白菜都发芽了吗？"老二听大哥问自己，生怕大哥看出自己心虚，假装镇定地回答："白菜发芽了，一棵不缺。"

接下来，轮到老三去除草，老四去浇水，老五去施肥。但是，他们每个人都像老大、老二一样，总想着自己没去干活没关系，别人会去的。于是都走到一半就回来了。

时间一天天过去了，自从菜籽播种到地里后，五兄弟从来没有浇过一次水，没有锄过一次草，但是，他们每个人都以为白菜长得很好。

许多天过去了，到了该收白菜的时节了。这天，五兄弟商议着一起去地里收割白菜，他们每个人都满怀希望，背着大大的竹篓，向地里走去。到了白菜地，五兄弟都傻眼了。原来白菜地里除了茂密的杂草，根本看不到一棵白菜。五兄弟心里都明白，这是他们懒惰的结果。大家你看看我，我看看你，谁也说不出一句话来。最后，五个懒兄弟只好垂头丧气地回家了。

问孩子的问题

1. 为什么五个兄弟没有收获一颗白菜？

2. 如果你是五兄弟中的一个，你会怎么做？

3. 为什么五兄弟都假装自己去过菜地？

4. 你觉得你应该怎样对待生活？

参考答案

1. 因为他们实在太懒惰了，光种菜不打理，白菜当然不会长大了。

2. 如果我是五兄弟中的一个，我会每天给白菜浇水、除草、施肥，这样才能收获又大又粗壮的白菜。

3. 因为他们虽然懒惰，却不想让别人知道，想滥竽充数，蒙混过关，在白菜收获的时候能够分得一杯羹。

4. 一个人应该勤劳，而且应该诚实地对待工作和生活，努力用自己的双手创造美好的生活。

第7堂课　拒绝孩子的不合理要求

本课要点：

让孩子明白，每个人在提要求的时候，一定要根据家庭的客观条件，不能凭自己的主观想法。

几乎每个父母都遇到过这样的问题：当孩子被带进商店或者超市的时候，他会对很多商品都产生兴趣，巴不得父母把自己喜欢的所有商品都买下。这时候，父母们往往不知道该怎么办。买，自己的经济条件不允许，而且对孩子也没有什么好处；不买，孩子就会耍脾气，亲子之间就会引发一场风波。

教育专家帕特里夏·埃斯特斯说：“适当地拒绝孩子很重要，即使你完全是可以满足他的。必须让孩子知道，不是想要什么就能

得到什么的。"事实确实如此，如果你一味地满足孩子的欲望，就会纵容、滋长孩子的不良欲望，而且，还会使孩子养成任性、刁蛮的不良习惯。因此，父母一定要学会说"不"。即使你买得起这些商品，你也应该适时地对孩子说："不！"有些孩子非常固执，非得要父母满足自己的不合理要求。如果父母不满足，他就赖在地上哭闹。这种情况下，父母千万不要屈服于孩子的哭闹。如果父母总是满足孩子的不合理要求，孩子就会形成一种"我一定要"的坏习惯。

那么，为了避免这样的情况发生，父母应该怎么办呢？

第一，父母应该教育孩子不要沉溺于电视。电视中有太多儿童类的广告，许多广告商都知道，孩子的钱是最好挣的，因此他们把广告对象直指儿童，让儿童产生想要的欲望，然后缠着父母去买。因此，在平常生活中，尽量让孩子不要沉溺于电视，而是要多做一些有意义的活动。

第二，每次带孩子去商店、超市的时候，不要总是给孩子买好吃的、好玩的东西。有些父母因为工作繁忙，难得带孩子去购物，因此往往孩子要什么，就给买什么，这样就会助长孩子的不良习惯。给孩子买礼物也不要太经常，这样会让孩子觉得礼物得来太容易。在带孩子去商店的时候，应该提早与孩子约定，"只能够买一件物品，价格不超过10元"等。这样，可以让孩子明白购物的限度，避免提出不合理的要求。

第三，对孩子提出的不合理要求要坚决说"不"。怎样拒绝孩子的不合理要求呢？正确的做法是不要责骂孩子，也不要说只要孩子听话就买之类的话，这些语言和借口都不能很好地阻止孩子。而是要明确地告诉孩子，父母不能满足他的不合理要求。即使是有其他人在场，父母也不可以迁就孩子，更不可以采取把孩子关起来等手段，这样会激发亲子矛盾。

对于两岁以下的孩子，父母应该直截了当地告诉孩子不可以，同时，父母可以用眼神示意，或者用手势、摇头等动作示意孩子不可以。对于三四岁的孩子，父母则应该采用冷处理的办法。三四岁的孩子喜欢与大人对着干，父母越是不同意他的要求，他就越会哭闹。因此，当三四岁的孩子提出不合理的要求时，父母最好不要去理会他，让孩子自己冷静下来，然后父母

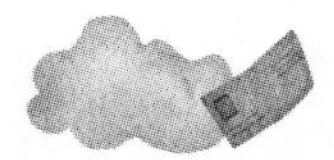

再对孩子讲道理。

在讲道理时，可以说“这个物品太贵，父母买不起”，或者让孩子明白花这些钱买这样一个物品是不值得的，不如买一个价格便宜但功能差不多的替代品。如果孩子在公共场合哭闹，父母要先把孩子拉到一个不影响他人的地方，然后再进行冷处理。如果你要拒绝五六岁孩子的要求，一定要说明拒绝的理由。你应该简单扼要地向孩子说明不可以的原因，以及会有什么后果等，这样不仅可以让孩子明了父母不答应的理由，而且可以提高孩子价值判断的能力。

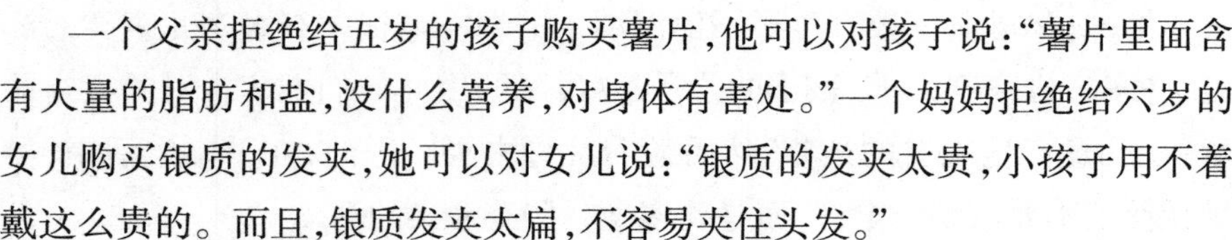

一个父亲拒绝给五岁的孩子购买薯片，他可以对孩子说：“薯片里面含有大量的脂肪和盐，没什么营养，对身体有害处。”一个妈妈拒绝给六岁的女儿购买银质的发夹，她可以对女儿说：“银质的发夹太贵，小孩子用不着戴这么贵的。而且，银质发夹太扁，不容易夹住头发。”

一旦你拒绝了孩子，就一定要坚持到底，而不要被孩子的哭闹动摇。要让孩子明白，哭闹是换不来任何东西的。如果孩子一直哭闹，父母可以暂时离开一会儿，让孩子独自哭闹，这样，孩子会因为父母不关注自己的情绪而停止哭闹。

在这里，父母们要注意的是，一定要敢于拒绝孩子，敢于向孩子说“不”。如果你今天不拒绝孩子的不合理要求，孩子将会永远不知道限制自己的欲望。如果任由孩子放大自己的欲望，以后想要纠正就很困难了。

亲子小游戏——我的需要

材料：笔、纸、尺等。

游戏目的：让孩子明白需要与想要的区别，学会控制自己的想要。

活动内容：

请与你的孩子一起制作并填写一张表格。这样可以帮助你的孩子明确自己需要多少钱，这些钱应该由谁来付。

亲子小故事——偷白菜的小山羊

春天还没到，一位老爷爷就在池塘边的地里种上了白菜。他每天给白

菜浇水、施肥、松土。小白菜慢慢长出了小芽。春天来了，嫩嫩的小白菜长得越来越结实了。老爷爷看到小白菜就笑，他把它们当成自己的孩子一样，天天细心照料它们，盼望它们快点长大。

有一天，小山羊路过老爷爷的白菜地，风吹过，小山羊闻到了白菜的清香，他好想吃一棵又绿又嫩的白菜呀！但小山羊看到了老爷爷，只好失望地离开了。

夜晚，小山羊趁老爷爷睡觉的时候，偷偷溜地进了白菜地。他挑了一棵最嫩的小白菜，飞快地啃了起来。小白菜的味道实在太好了，小山羊正想咬第二棵，春风发现了小山羊。她对小山羊说："小山羊，你偷吃老爷爷的小白菜是不应该的，不要吃了。我要去告诉老爷爷！"说完，春风赶紧去敲老爷爷的门。老爷爷穿好衣服，来到白菜地，小山羊还在擦嘴巴呢！老爷爷问："咦，我的小白菜怎么少了一棵，小山羊，你知道是谁吃的吗？"小山羊的心紧张得扑扑直跳，但是他很快就镇定下来，说："不知道呀！反正不是我吃的。"说完，小山羊径直离开了。

第二天晚上，小山羊又偷偷地溜进白菜地吃了一棵。老爷爷又问小山羊："我的小白菜又少了一棵，你知道是谁吃的吗？"小山羊还是不承认是自己吃的。第三天，老爷爷对小山羊说："小山羊，我已经在白菜地里挖了个洞，谁要是再来偷吃白菜，就会被我抓住的。"但是，小山羊根本没有把老爷爷的话放在心里，因为小白菜的味道实在太好了！晚上，小山羊又溜进了白菜地。但这一次，小山羊却没有吃到白菜，反而掉进了洞里！小山羊真是后悔自己没有听老爷爷的话。那天早上，老爷爷又来给白菜浇水，却听到了洞中传来哭泣的声音。他赶紧到洞口一看，原来是小山羊呢！小山羊羞愧地对老爷爷说："爷爷，我错了！"

问孩子的问题

1. 你觉得小山羊偷白菜的行为对吗？
2. 为什么小山羊一而再、再而三地去偷老爷爷的小白菜？
3. 一个人为什么不可以偷别人的东西？
4. 如果小山羊想吃白菜，它应该怎么办呢？

5.你想得到某件物品时,你会怎么办呢?

参考答案

1.不对。

2.因为他觉得老爷爷的小白菜很好吃。

3.因为偷窃是不道德且触犯法律的行为,而且如果每个人都靠偷别人的东西生活,那么,世界上的物品就没有人去生产了。

4.它应该向老爷爷说,并提出是否能通过帮助老爷爷干活的方式,用自己的劳动去换取。

5.我要用自己的劳动去挣钱,用钱去购买,而不是去偷。

第8堂课　需要还是想要

本课要点:

让孩子明白虽然每个人都有欲望,但是,并不是每个欲望都需要得到满足,每个人应该学会区分欲望的种类,控制自己的不良欲望。

孩子知道钱的作用后,总会向父母索要各种各样的东西,他们总是要各种好玩的玩具、好吃的零食、好看的衣服,甚至会提出一些过分的要求。这时候,父母虽然会觉得孩子很贪婪,但是有些父母认为只有一个孩子,宁愿自己节约,也不愿意亏待孩子。实际上,大部分东西对孩子来说是没有必要拥有的,父母只要购买孩子确实需要的东西就可以了,并不需要为孩子想要的各种物品"买单"。实际上,对孩子来说,他们并不知道什么东西是自己真正需要的。这时候父母要及时告诉孩子,什么东西是需要的,什么东西是想要的。

例如:每个人为了满足生存的需要,每天都要吃一定的食物,但是,不同的食物对人体生长发育的必要性不同。从生存和成长的角度来说,吃米饭是必需的,但是,吃汉堡却是孩子额外的要求。汉堡只是主食的一种,并不需要每

天都吃，而且，从营养的角度来说，汉堡的烹调方式并不适合小孩子。因此，当孩子想要吃汉堡时，父母就可以拒绝孩子，因为这并不是孩子必需的东西。

从事土地投资的香港亲子理财专家李小苗认为，教孩子分清楚需要和想要的概念是非常重要的。李小苗的家族中有5个6～12岁的孩子，她经常与孩子们玩“需要还是想要”的游戏。“吃饭是需要还是想要？”孩子们齐声答道：“需要。”“去酒楼吃饭是需要还是想要？”“想要。”“生日出去吃饭是需要还是想要？”“想要，因为在家庆祝也可以。”在孩子第一次说“我要……”时，就应该教育孩子，让他理解“我要……”意味着一笔开销。如果能够认清需要和想要，尽量避免“我要……”出现的频率，父母就可以省下许多钱，这部分钱就可以用于改善孩子“需要”的物品上。

在日常生活中，父母不仅要让孩子明白需要和想要的不同，而且可以经常与孩子玩“需要和想要”的游戏，强化孩子对需要和想要的认识，能够自觉主动地避免“想要”的欲望。

对于孩子提出想要的东西，父母要分析一下孩子是想要还是需要，对于孩子需要的有些大件物品，父母也没必要马上就满足孩子的要求，可以让孩子等待一段时间，然后再去满足孩子，这样孩子会更加珍惜得到的物品。

温州挺宇集团的总经理潘佩聪有两个女儿，尽管自己家财万贯，但是，潘佩聪很早就开始对两个女儿进行正确的金钱教育，培养女儿正确的金钱观。“都说富不过三代。像我小时候，亲眼看着父母创业的艰辛，知道了他们的艰辛，而我自己也深尝守业的艰难，因为这个重担交给你了，你不可以掉以轻心，否则没法向为你打下这片江山的父母交代。现在我女儿对钱都没有什么概念，她们需要被正确引导。”潘佩聪说。

两个女儿在很小的时候，看到别人的小孩有钢琴，她们俩也非常喜欢，希望母亲买一架钢琴给她们玩。但是，潘佩聪并没有立即给女儿买钢琴，她说：“我没有马上满足她们，而告诉她们钢琴很贵的，要好多好多的钱，妈妈得通过今年一年工作之后，将钱攒起来才能买给你们。”一年后，女儿们又聚在母亲面前旧话重提，这时潘佩聪则故意为难地说：“对不起，钢琴的钱实在是太贵了，妈妈这一年攒下来的钱都不够，所以还要再辛苦一年才

够。”第三年，女儿们对钢琴的渴望终于感动了母亲。潘佩聪决定满足她们。她从银行里提了3万元现金，而且特意叫工作人员都换成10元的面额。然后，她将钱带回家堆在女儿面前，指着那么大一堆钱告诉女儿：“妈妈明天就给你们买钢琴，但是你们一定要知道妈妈赚这么多的钱很不容易，所以你们一定要好好珍惜钢琴，好好学习。知道吗？”其实，3万元对于潘佩聪来说并不算什么，但是，她的目的就是让女儿明白，金钱是来之不易的，每个人都要珍惜金钱，用自己的努力去获取财富。“现在我的两个女儿练琴时特别用心，因为来之不易的东西才会好好珍惜。我还经常带她们到乡下贫穷的地方看看那些孩子的生活状况，以这样一种方式去影响她们。其实这也是一种技巧。”

总之，父母要让孩子明白，对于需要的东西，我们有必要获得；而对于想要的东西，我们应该学会忍耐。忍耐是一种优秀的美德，如果孩子学会了正确区分需要和想要，在面对想要的物品时能够克制自己，这样，孩子就会学会如何控制自己的支出。

亲子小游戏——米饭还是汉堡

材料：10元钱。

游戏目的：让孩子理解“需要”和“想要”的区别，控制自己的不良欲望。

活动内容：

1.首先，父母带孩子到肯德基或者麦当劳店了解下一个汉堡的大小和价格。

2.然后，父母带孩子到快餐店、小吃店或粥店了解一下碗米饭加一碗小菜需要多少钱。

3.让孩子思考，要填饱自己的肚子可以吃一个汉堡，也可以选择一碗米饭，但是，现在的目的只是填饱肚子，是不是需要花很多钱去买一个汉堡呢？如果选择用吃米饭填饱肚子，那么剩余的钱就可以买文具了。

亲子小故事——渔夫和金鱼

一个穷困的渔夫捉到一条金鱼，金鱼央求渔夫放了它，并答应日后一

定报答渔夫。渔夫是个很善良的人,他答应了金鱼的要求,并把金鱼重新放回到河里。金鱼告诉渔夫,如果渔夫有事需要她帮助,就在河岸上呼喊三声,金鱼就会露出水面来帮助他。

渔夫回家后把这件事告诉了妻子。渔夫的妻子是个贪婪的人,她一听,就觉得这是一个绝佳的发财机会,于是,她叫渔夫向金鱼要钱。没办法,渔夫只好到河岸边去叫金鱼,金鱼真的给了他们很多钱。渔夫的妻子见金鱼真的给了他们很多钱,非常高兴。第二天,她又叫渔夫去找金鱼。这一次,贪婪的妻子要金鱼送给他们一栋漂亮的房子。善良的金鱼仍然答应了渔夫的要求,真的给了他们一栋漂亮的房子。渔夫的妻子见金鱼真的有那么大的本事,可高兴了。于是,她要求渔夫再去找金鱼,让金鱼把她变成女皇,同时,还要让金鱼做她的仆人。渔夫虽然不愿意向金鱼提出要求,但是,渔夫的妻子非常凶悍,渔夫只好又去找金鱼了,金鱼一听渔夫说出的要求,一怒之下,把什么都收回去了,渔夫的妻子又回到了贫穷的生活中。这时候,渔夫的妻子才明白,一个人不可以过分贪婪;否则,就会受到生活的惩罚。

问孩子的问题

1. 你觉得渔夫的妻子是个怎样的人?
2. 金鱼为什么要收回已经给了渔夫妻子的东西?
3. 渔夫的妻子最终落得什么下场?
4. 这个故事告诉我们一个什么道理?

参考答案

1. 渔夫的妻子是一个贪婪的人,过分追求物质生活。

2. 因为金鱼觉得渔夫的妻子实在太贪婪了,一味地满足她的要求是不行的。

3. 渔夫的妻子最终又变成了一个一无所有的穷人。

4. 这个故事告诉我们:每个人都有许多欲望,但是,并不是任何欲望都应得到满足。一个人应该学会克制自己的欲望,尽量满足自己的基本需

要,避免产生过分的需求。

第9堂课　今天吃还是明天吃

本课要点:

让孩子明白,有些欲望并不需要当场就得到满足,每个人应该学会控制自己的欲望,做一个自制的人。

“妈妈,我要吃冰淇淋!”“妈妈,我还要吃一个!”妈妈正在厨房做冰淇淋,4岁的亮亮已经克制不住自己的欲望,一个劲地吃起来。

年幼的孩子总是不知道克制自己的欲望,在他想要吃什么的时候,他必然会要求父母满足他。对于这种欲望,父母首先要分清孩子要吃的食物是需要的还是想要的。对于孩子需要的,比如米饭、牛奶等,父母可以给孩子吃。如果是孩子想要的,比如糖果、冰淇淋、膨化食品等零食,父母不需要及时满足孩子的欲望。如果父母立即满足孩子的要求,孩子不仅会产生他想要什么父母就得给他什么的想法,还会养成任性、贪婪和不懂得关心体谅他人的坏习惯,而且多吃零食对孩子的健康也是没有什么好处。

心理学家曾经做过这样一个实验:

一群孩子被带到一间实验室,实验者对孩子们说:“你们每个人将得到一块软糖,但是,如果谁能够坚持不吃掉,等到我从外面办事回来,他就可以得到两块软糖。”说完,实验者就给每个孩子分了一块软糖,然后就离开了实验室。过了好长一会儿,实验者才从外面回来,然后给那些没有吃掉软糖的孩子分了第二块软糖。

研究表明,那些等不到实验者回来就迫不及待地吃掉软糖的孩子,意志薄弱,受不了外界的诱惑,无法克制自己的欲望,长大后的性格也比较固执,往往是有什么用什么,其中很少有人具备创造巨大财富的能力。而那些能够坚持到实验者回来,并得到第二块软糖的孩子,意志坚强、自我约束力强,长大以后也不会因眼前的小利益而作出错误决定,能够想方设法去获得更大的利益。可见,延缓满足孩子的需求,让孩子学会克制自己的欲望,不论是对孩子的财智还是品格的培养都是有很大帮助的。

在日常生活中，父母可以经常与孩子玩类似软糖实验的游戏。

例如，你的孩子非常喜欢吃冰淇淋，如果买一个冰淇淋需要2元的话，你可以这样对孩子说："想吃冰淇淋可以，但是，今天妈妈只能给你1元，明天我再给你1元，你再去买来吃好吗？"当然，孩子们往往会急切地想得到冰淇淋，这时，你不妨给孩子设定一个巨大的诱惑，比如：如果你能坚持到明天再去买冰淇淋吃，我将在后天再给你2元钱。

一位5岁的小女孩非常喜欢芭比娃娃，每次去商店总是要求妈妈给她买好几个娃娃。这天，妈妈想出了一个好办法。妈妈对孩子说："今天我带你去商店，你只可以看看芭比娃娃，选其中一个，然后我每天给你5元钱，等到你攒起来的钱够了，我们就把你看中的那个娃娃买回来。如果你今天一定要买娃娃，我就不带你去商店了，也不给你买娃娃。"孩子同意了妈妈的要求。一个月后，女儿高兴地买回了她梦寐以求的芭比娃娃，并且非常珍爱。

当孩子不能立即得到他们想要的东西时，他们就会被迫接受这种限制。这时，孩子往往会产生不舒服的感觉，父母一定要帮助孩子适应这种感觉。例如，孩子想一天吃完一罐糖果，你可以这样对孩子说："你只能每天吃5颗，我知道你觉得不舒服。但是，如果你答应每天只吃5颗的话，我会再给你买一罐；如果你一天吃完的话，我再也不会给你买糖果了。"让孩子学会等待的训练可以有许多形式。对于年幼的孩子，我们可以用日常生活中的一些小事进行训练。

训练1：吃东西的等待。

当孩子想要吃东西的时候，父母不要着急地把食物拿到孩子面前，可以故意拖延一下给孩子。也许孩子会闹，但是千万不要心疼，这是孩子必须经历的过程。当然，在这个拖延的过程中，父母可以做一些其他事情来分散孩子的注意力。比如，抱抱孩子，给孩子放一首他喜欢听的歌曲，让孩子在短暂的等待中得到精神上的愉悦感。

训练2：外出玩耍的等待。

当孩子想要出去玩的时候，父母可以对孩子说："你先喝一杯牛奶，等

妈妈做完这些事情就带你出去。”或者，你可以这样对孩子说：“宝宝先给妈妈念一首儿歌，你念完儿歌，妈妈就带你出去玩。”如果孩子希望去公园、动物园游玩，父母可以对孩子说：“妈妈只能星期天带你去，你看，这里有3个苹果，你每天吃一个，吃完苹果那天，妈妈就可以带你去公园了。”

总之，通过适度的情绪指导，孩子们一般会学会渐渐控制自己的欲望。明智的父母一定要学会引导孩子控制自己的欲望。

亲子小游戏——我的糖果罐

材料：一罐糖果。

游戏目的：让孩子通过每天吃固定数量的糖果来控制自己的欲望。

活动内容：

1.父母准备一罐孩子喜欢吃的糖果，首先对孩子说明，糖果属于想要吃的东西，而不是需要吃的东西，因此小孩子要学会控制自己的欲望。

2.然后，父母拿出一罐糖果，告诉孩子，如果他能够坚持每天吃少于5颗，吃1个月的时间，那么，他将得到整罐糖果，由他自己去保管，父母将每天检查他吃了多少颗；如果他无法控制自己的欲望而乱吃，那么，他将只能每天从父母那里得到4颗糖果。

亲子小故事——两兄弟的选择

比尔·盖茨是美国微软公司的创建者和董事长，他是一个非常懂得运用金钱的人。

有一次，微软公司打算清理一批废弃的办公材料，于是，公司请来了两名清洁工。这两名工人是一对兄弟，哥哥叫吉姆，弟弟叫杰瑞。清理完废弃物后，兄弟俩便到比尔·盖茨的办公室去领工资。比尔·盖茨对他们说：“你们赚钱很辛苦，赚了钱应该储蓄起来，现款如果到了你们手中，可能很快就会花光，不如我把它换成我们公司的股票，作为你们的投资，你们可以通过这种方式积累基金。哥哥吉姆听了比尔·盖茨的话，觉得很有道理，当场便答应了。但是，弟弟杰瑞不愿意，他觉得赚了钱却不能花，干的活有什么意思呢？所以，杰瑞坚持要领现款。结果正如比尔·盖茨所预料，没过多

久，杰瑞就把钱花光了；而吉姆因为微软公司股票涨价，赚了很多很多钱，没过几年就成为一个大富翁。这时候，弟弟杰瑞才明白，一个人应该养成有计划花钱的习惯，不能一下子把所有的钱都花掉，而是要把多余的钱存起来，积累自己的财富，而且遇到紧急情况的时候还可以用来救急。

问孩子的问题

1. 你觉得有了钱是不是可以买自己想买的任何东西？
2. 哥哥吉姆为什么会成为大富翁？
3. 你想做一个像哥哥吉姆一样的人还是像弟弟杰瑞一样的人？

参考答案

1. 钱可以用来购买许多东西的，但是，我们不应该有了钱就去买自己想要的东西，更不能把所有的钱都花光，而是应该养成有计划花钱的好习惯，把多余的钱存起来，让钱变得越来越多。

2. 哥哥控制住了自己的欲望，把赚来的钱拿去投资，结果财富变得越来越多，最后成为一个大富翁。

3. 我想做一个像哥哥吉姆一样的人，养成有计划花钱的好习惯，努力投资，让钱增值，积累更多的财富。

第10堂课　珍惜物品的价值

本课要点：

让孩子明白每一种物品都是有价值的，我们不可以丢掉有价值的物品，而是应该珍惜物品的价值。

一个苹果只吃了一半，就被孩子随手扔掉了！

刚穿上的新衣服，不一会儿就沾满了泥巴，而且到处是破洞！

新买的玩具，花了几百元钱，没几天就被孩子拆得面目全非！

孩子在获得物品的时候，往往不会去珍惜。这是因为他们在获得物品的时候并没有付出劳动，所以不懂得应该珍惜物品的道理。这时候就需要父母引导孩子去认识每一件物品的价值，让孩子懂得应该珍惜物品。

美国洛克菲勒财团的创始人约翰·洛克菲勒16岁时决心自己创业，于

是,他开始研究如何致富,但是却一直找不到致富的窍门。有一天,洛克菲勒在报纸上看到一则宣称有发财秘诀的书的广告,于是赶紧去买这本能够教人发财的书。当他急匆匆地打开这本神秘的书时,却惊呆了。原来全书只有“把你所有的钱当做辛苦钱”这几个字。洛克菲勒感慨万分,他认识到,一个人只有学会珍惜自己辛苦挣来的钱,勤俭节约,才有可能成为富翁。后来,他把这条至理名言当做祖训来教育子孙后代。

在日常生活中,父母可以从以下几方面做起,来培养孩子珍惜物品的好习惯。

第一,让孩子在俭朴的生活环境中长大。现代家庭经济条件相对原来富裕,父母对孩子也特别宠爱,但是,如果孩子从小就生活在奢华的环境中,往往不懂得珍惜物品,有些孩子甚至会觉得俭朴是一种可耻的习惯。

尽管我们的生活富裕了,作为父母还是要奉行这样一个原则:再富不能富孩子。孩子要求的东西,不要轻易就购买。如果孩子要求的东西是轻而易举就能够得到的,那么,他就不可能珍惜这个物品。因此,对于买给孩子的物品,一定要限制数量,不能让孩子有取之不尽、用之不竭的感觉,而是要让孩子感觉到物品的稀缺,这样才能让孩子珍惜物品。

当然,孩子的很多习惯都是从父母那儿学来的。如果父母很珍惜东西,那么,父母自然而然就能成为孩子学习的一个好榜样。如果父母自己并不在意的话,孩子当然容易养成凡事都不加重视的态度。珍惜东西实际是一种父母和孩子可以共同实践的生活态度。因此,父母自身更要以身作则,努力珍惜每一件物品的价值,用身体语言自然而然地告诉孩子要珍惜物品。

第二,要求孩子珍惜物品。在日常生活中,父母应该让孩子懂得所吃、所穿、所用都是来之不易的,都是人们用汗水和心血创造出来的,随意浪费是不珍惜劳动果实、不尊重劳动的表现。譬如,从谷子播种到吃进口里的饭,要进行几十道工序的劳动,不爱惜东西就是不尊重劳动者。使孩子从小树立“浪费可耻”的观念。家长除讲解这些浅显的道理外,如有条件,还可带孩子去工厂或农村看看、走走,了解一些生产的情况。

东晋有一位叫陶侃的官员。有一天，陶侃出去巡视回来，发现儿子拿着一把没有成熟的稻子，就问儿子："这是用来干什么的?"儿子说："我在路上偶然看到了它，就随便扯了一把。" 陶侃一听，怒斥儿子："你既不种田，却又以毁坏别人的稻谷为戏！不罚你，你不知道粮食的珍贵，这顿饭你就不要吃了。"从那以后，儿子懂得了粮食的珍贵。还有一次，陶侃叫儿子把造船剩余的木屑和竹头、竹尾收藏起来，儿子不知道他要拿这些东西干什么。后来，正月初一聚会，雪后天晴，但屋子里湿漉漉的。陶侃就叫儿子把木屑倒在地上，用以吸干水分。东晋讨伐蜀国的时候，陶侃把贮藏的竹头、竹尾拿出来，做成钉子用来装订船只。陶侃的所作所为，儿子看在眼里，记在心里，不用父亲训导，自然懂得了珍惜物品的妙处。

可见，在生活中，父母要教育孩子爱惜物品，不要随意浪费物品。

比如，在食物方面，要求孩子吃多少，拿多少，不要咬一口就扔掉。有些父母总是让孩子随意吃，吃不完的再自己吃，如果孩子形成"反正我吃不完，爸爸妈妈会吃"这样的观念，后果是很严重的，因为这意味着孩子不仅不善于珍惜物品，而且养成了不关爱父母的坏习惯。在物品方面，不管是给孩子购买的物品还是别人送给孩子的礼物，在把物品交给孩子时，父母都应该教育孩子好好爱惜物品，并强调如果因为他的疏忽或故意损坏，父母下次将不再给他提供物品。如果真的是由于孩子的疏忽或故意损坏而导致物品损坏，就应该对孩子进行教育，甚至施行开始时对孩子强调的惩罚，比如不再提供物品或者要求孩子做一定的家务活来赔偿等，这样才会让孩子更加珍惜他所拥有的物品。

第三，教孩子妥善保存物品。父母要教育孩子妥善保存自己的物品。比如，各种物品应该分类整理，妥善放置于一个固定的地方；使用时，要小心拿取；使用后，要物归原位……因此，父母应该给孩子准备几个储物箱，专门让孩子来放置他的物品。在开始时，父母需要引导孩子怎么去放置物品，以养成孩子良好的习惯。父母们千万不要认为"反正东西也值不了多少钱，丢了再买好了"，这样的想法是不利于培养孩子珍惜物品的好习惯的。如果孩子养成了妥善保存物品的好习惯，不但不容易使物品丢失，而

且也不会随意损坏物品。一旦孩子能够把保存物品与珍惜物品联系起来，那么，孩子的这种价值观就初步养成了。

第四，规定孩子不得擅自拿用父母的物品。父母的物品有时候是非常重要的，千万不要觉得孩子只有一个，任何东西都可以让孩子去用。实际上，孩子并不懂得有些物品的价值，他们往往随意玩弄最后损坏了这些物品。父母应该让孩子明白，每个人都有自己的物品，孩子只能支配他自己的物品，对于父母的物品，他是没有权利随意支配的。如果孩子确实需要使用父母的物品，必须经过父母的同意。这样，孩子才能建立起“每个人的物品都是重要的，我们要珍惜他人的物品”这样一个概念。

第五，要尊重孩子的人格。尊重孩子的人格很重要，这可以让孩子体会到自己的价值。每个人都是有价值的，父母应该让孩子知道这一点。孩子虽然小，但他也是有价值的。在日常生活中，父母应该尊重孩子的人格，不要随意呵斥孩子，决定与孩子有关的事情时，要征求孩子的意见，等等。这样才能让孩子感受到自己的价值，从而学会尊重他人。在培养孩子珍惜物品的同时，又要防止他产生吝啬和贪婪的心理。有的孩子不愿将自己的用品借给别人，或者不爱惜别人和公共的东西。这种自私和狭隘的心理是要不得的。总之，要让孩子懂得每个物品来得不容易，孩子才会觉得这些物品的珍贵，才会去珍惜这些物品。

亲子小游戏——这些物品还有价值

材料：孩子吃剩或者用剩的东西。

游戏目的：让孩子明白每个物品都有一定的价值，即使是已经使用过的物品。

活动内容：

1.如果孩子习惯于吃东西吃一半，父母应该把孩子吃剩下的一半东西收起来，让孩子下次再吃。如果这东西是不能放置很长时间的，父母应该在孩子吃之前先把食物分成几份，让孩子按自己的需要量来吃，并把其他的分给父母吃。

2.让孩子把自己不喜欢的玩具整理出来，与其他小朋友交换，并告诉孩

子，虽然自己不喜欢这些玩具了，但只要有其他小朋友还喜欢玩，这个玩具就是有价值的，不应该扔掉或者损坏。

亲子小故事——每个人都是百万富翁

有一天，一位犹太人拉比在河边遇见了忧郁的年轻人费列姆。费列姆唉声叹气，愁眉苦脸。

“孩子，你为什么如此闷闷不乐呢？”拉比关切地问。

费列姆看了一眼拉比，叹了口气说：“我是一个名副其实的穷光蛋。我没有房子，没有工作，没有收入，整天饥一顿饱一顿地度日。像我这样一无所有的人，怎么能高兴得起来呢？”

“傻孩子，”拉比笑道：“其实，你应该开怀大笑才对！”

“开怀大笑？为什么？”费列姆不解地问。“因为，你其实是一个百万富翁呀！”拉比有点诡秘地说。

“百万富翁？您别拿我这穷光蛋寻开心了。”费列姆不高兴了，转身欲走。

“我怎么会拿你寻开心呢？孩子，你能回答我几个问题吗？”

“什么问题？”费列姆有点好奇。

“假如，现在我出20万金币，买走你的健康，你愿意吗”

“不愿意。”费列姆摇摇头。

“假如，现在我再出20万金币，买走你的青春，让你从此变成一个小老

头，你愿意吗？”

“当然不愿意！”费列姆干脆地回答。

“假如，我现在出20万金币，买走你的相貌，让你从此变成一个丑八怪，你愿意吗？”

“不愿意！当然不愿意！”费列姆头摇得像个拨浪鼓。

“假如，我再出20万金币，买走你的智慧，让你从此浑浑噩噩，度此一生，你可愿意？”

“傻瓜才愿意！”费列姆一扭头，又想走开。

“别着急，请回答完我最后一个问题！假如，现在我再出20万金币，让你去杀人放火，让你从此失去良心，你愿意吗？”

“天哪！干这种缺德事，魔鬼才愿意！”费列姆愤愤地回答。

“好了，刚才我已经开价100万金币了，但是却买不走你身上的任何东西，你说你不是百万富翁又是什么呢？”拉比微笑着问。

费列姆恍然大悟。从此，费列姆不再叹息，不再忧郁，微笑着寻找他的新生活去了。

问孩子的问题

1. 费列姆为什么会唉声叹气，闷闷不乐？

2. 拉比为什么说费列姆是一个百万富翁，应该开怀大笑？你觉得他说得有道理吗？

3. 为什么费列姆不再叹息，不再忧郁了？

4. 你觉得自己是一个百万富翁吗？

参考答案

1. 因为他觉得自己没有房子，没有工作，没有收入，是一个名副其实的穷光蛋。

2. 拉比认为，一个人的健康、青春、相貌、智慧及良心的价值，远远超过了100万金币。因此，拥有这些东西的人都是百万富翁，应该开怀大笑。我觉得拉比说得很有道理。

3.听了拉比的话,费列姆觉得自己拥有的东西实在太多了,并不是一无所有的穷光蛋,因此他不再叹息,不再忧郁了。

4.我觉得每个人都是百万富翁,因为每个人都拥有健康、青春、智慧等价值万金的东西,如果我们能够运用好这些东西,财富离我们就不会遥远的。

第11堂课　对金钱要诚实

本课要点:

让孩子明白相对于金钱而言,人的自尊最重要,一个人要诚实地面对金钱,不能为金钱失去尊严。

傍晚的时候,飞飞爸爸到幼儿园来接飞飞,飞飞高高兴兴地上了爸爸的车,父子俩一路说一路笑地回到了家中。到了家里,爸爸赶紧给飞飞准备吃的。飞飞则在客厅里玩耍。当爸爸从厨房出来的时候,看到飞飞手里正拿着一架漂亮的飞机模型,玩得不亦乐乎。爸爸一眼就看出这架飞机模型不是自己家里的。

"飞飞,真漂亮的飞机模型,从哪里来的?"爸爸问道。

"从豪豪那里拿来的! 我看到他今天忘记把飞机模型带回家了,就拿回家来玩玩!"飞飞低着头玩耍,随口答道。

"什么? 你这孩子,怎么可以偷别人的东西呢?"爸爸一听就来火了,一把抓起正在玩耍的飞飞就是一个耳光。飞飞吓得哇哇大哭起来。

在上例中,飞飞实际上并不懂得随意拿别人东西是不对的,只是觉得豪豪的飞机模型好玩,想玩玩而已,正好看到豪豪忘记拿回家了,就顺手牵羊拿回了家。针对这种情况,如果爸爸能够耐心地对飞飞说:"哦,这个飞机模型确实不错,但是,这是豪豪的玩具,你不应该不经过豪豪的同意就把它带回家来。"爸爸可以进一步解释:"如果这个飞机模型是你的,你忘记带回家了,豪豪看到后就带到自己家里玩去了,你会高兴吗?"通过这种移情思考的方式让孩子意识到自己的行为错了。最后,爸爸可以对飞飞说:"爸爸知道你不是故意要把豪豪的飞机模型拿回来,只是你太喜欢这个模型了。这样,你明天早上就把模型带回幼儿园,向豪豪道歉,而且,你最好把你最

喜欢的坦克带去让豪豪玩一下，这样，你就可以多玩一会儿飞机模型了。”

许多孩子在年幼的时候都会出现顺手牵羊及拿家里钱等情况。如果孩子不能诚实面对金钱，这将严重影响孩子成年后的价值观及人格。那么，在日常生活中，父母要怎样引导孩子诚实面对金钱呢？

第一，父母要以身作则，弱化金钱的重要性。在现实生活中，一个人在面对金钱时往往会放下自尊，从而做出一些有失人格的事情。而对于年幼的孩子来说，在一开始他并不知道金钱的作用，不会对金钱产生过分的想法。因此，如果父母从小就引导孩子对金钱要诚实，把自尊置于金钱之上，孩子长大后就会做一个有尊严的人。实际上，在生活中父母越是不让孩子接触金钱，孩子对金钱越容易产生畸形的心理。如果父母把金钱看淡一些，让孩子从小就接触金钱，端正孩子对金钱的认识，孩子反而能够在面对金钱的时候保持自己的尊严，能够正确面对金钱的诱惑。

北京一位公司总经理是这样说的：我小的时候，爸爸妈妈从来不把家里装放贵重物品的抽屉加锁，里面有钱、证件、存折和其他的东西。我和姐姐可以自由打开这些抽屉，但我们都有非常好的习惯，从来不偷一分钱。看着一沓沓的钱放在那里，我们都觉得是非常自然的事情。没有爸爸妈妈的吩咐，这些钱是不属于我们的。而隔壁家的小孩却千方百计从爸爸公文包里偷钱。

“我小的时候父母对金钱的开放和我们习惯的培养，确实影响了我一生的金钱和理财观念。俗话说‘君子爱财，取之有道’，我从来不去拿不属于我的钱财。我投资和经营的时候，采用的都是双赢的策略，合作伙伴和客户应得的利益必须为他们考虑到。我开放的心理换来的是财源滚滚。”因此，当你在处理金钱的时候，千万不要设法不让孩子看到或接触。如果孩子对金钱感到好奇或有疑问的时候，父母千万不要回避孩子的问题或者粗暴地、不耐烦地回应孩子，这样会让孩子对金钱产生不正确的认知。当然，如果孩子是效仿父母从公家拿东西，这时父母就要反省一下自己的做法，及时改正，给孩子树立一个良好的榜样。

第二，理智地教育孩子诚实面对金钱。当父母发现孩子拿家里钱时，

往往觉得很不光彩，出于道德判断，父母认为这个问题是非常严重的。其实，只要父母认识清楚，采取正确的教育方法，纠正这个毛病并不难。当父母发现孩子拿了家里的钱时，千万不要怒不可遏地责骂孩子，而应该尽量控制自己的情绪，理智地教育孩子。父母可以通过心平气和地和孩子交流的方式引导教育孩子。父母应该让孩子谈谈当时是怎样想的，花钱买了什么东西。这时候，父母不要指责孩子，而应重点给孩子分析两方面问题：一是道德问题，即让孩子明白这种行为是不对的，会反映一个人什么样的品质，发展下去可能会造成什么样的后果；二是处事问题，即让孩子明白想花钱时应该怎么办。父母应当告诉孩子，想买什么跟父母说，只要是合理的需要父母都会满足，如果是不合理的需要，父母有所抑制也是为了孩子的成长，让孩子明白父母给不给钱是经过认真思考的。如果这时候父母发现平时忽视了满足孩子的某些合理需要，应该向孩子做自我检讨，让孩子服气。

第三，采用侧面教育的方式。孩子之所以会偷拿家里的钱，主要原因是满足某种需要，比如买喜欢的文具、玩具，买要吃的东西，玩游戏机或参与其他娱乐活动等。他想满足这些需要，又怕以正当方式跟父母要钱父母不给，于是采取私自去拿的办法。对孩子来说，他们也知道偷拿家里的钱是一件不光彩的事情，如果孩子的自尊意识较强，父母可以采取旁敲侧击的方式，让孩子意识到自己的错误，避免正面教育，这种方式可以减轻孩子的心理压力，保全孩子的面子。比如，当父母发现孩子拿了家里的钱，先假装不知道，然后借用别人的事例与孩子讨论该事件的是非对错，在不经意的聊天中让孩子意识到自己的错误，从而及时改正以避免被父母“发现”。

第四，准备备用基金。父母可以在家里专门准备一个盒子，放上十几元或几十元钱作为备用基金，父母和孩子在急需时都可以取用。钱最好是一元或更小面值的，并且放一个本子作记录用。每个人每次取钱时，拿多少，记多少，并要写明时间和用途，这样可以有效避免孩子为了满足自己的需要采取不正当的手段拿钱，而且，孩子会觉得父母信任自己，反而不会乱花钱。当然，即使是孩子花钱不当，也会在本子上反映出来，父母要及时引

导，避免孩子出现不合理的消费现象。

第五，培养孩子的自制力。如果孩子的自我控制能力不强，虽然懂得拿别人的东西不对，但看到别人有自己喜欢的东西时，也可能会拿回来。在这种情况下，父母要注重培养孩子的自制力，同时尽量满足孩子的一些合理要求，避免孩子的不良行为发展到“偷窃”的程度。只要父母对金钱具有正确的认识，孩子也会诚实地对待金钱，对待自己内心的需求，不会出现为金钱而放弃一切的错误想法和行为。

亲子小游戏——那是谁的玩具

材料：各种玩具。

游戏目的：让孩子在面对不属于自己的物品时能够诚实对待，不占为已有。

活动内容：

1. 父母邀请几位孩子的小伙伴，请他们带着各自的玩具到家里玩，并让孩子们把玩具放在一起玩耍。

2. 父母可以问问自己的孩子，他最喜欢哪个玩具，或者，父母可以观察孩子最喜欢玩哪个玩具。

3. 如果孩子喜欢的玩具不是自己的玩具，父母及时问问孩子喜欢的是谁的玩具，打算怎么处置这个玩具。

4. 如果孩子把不属于自己的玩具说成是自己的，或者企图占为己有，父母就要对孩子进行教育，让孩子明白，不属于自己的玩具是不可以占为已有的，如果确实需要玩，应该向其他小伙伴借，玩完后再还给人家。

亲子小故事——诚实的农民

有一个以种菜为生的农民，每天都要挑着一担白菜到街上去卖。

一天早上，农民又挑了一担白菜去街上。半路上，他捡到了一个钱袋。他打开钱袋，发现里面有20张银票。于是，农民把钱拿到家里，交给了母亲。母亲见有那么多钱，就对他说：“孩子，我们不能要这钱。你想想丢了钱的人会多么着急呀！也许他现在正到处寻找呢！”听了母亲的话，农民又回到了捡钱的地方，专门在那里等待失主前来认领，白菜也不去卖了。

过了好一会儿，果然看见有一个神色慌张的人一路走，一路低头寻找，似乎丢了什么东西。于是，农民走上前去，问道："你是不是丢了钱?"那人说："是呀，是呀，你有没有看到一个钱袋?"善良的农民不等那人说完，就把钱袋交给了他，说："这是你的钱袋，我捡到的。"

这时，周围的一些人纷纷赞赏农民的做法。大家一致建议失主付给农民一些报酬。但是，失主却十分吝啬，他不但不给赏钱，而且对大家说："这个钱袋是我的，里面明明有30张银票，现在却只有20张了，我怎么可能再赏给他一些钱呢?"听失主这样说，农民非常不高兴。他说："你不愿意给赏钱没关系，但是你不能诬陷我拿你的钱。我捡到时明明只有20张，你现在是不是怀疑我拿你的钱?"就这样，两个人争吵了起来。后来，在众人的提议下，两人到县衙让县官去评理。县官听完两人的陈述，已经明白是失主在诬蔑农民。于是，他又让人请来农民的母亲，证实了农民说的是实情。然后，县官对失主说："你丢失的是30张银票，而他拾到的是20张银票。可见，他捡到的钱不是你丢的钱。你还是到其他地方去寻找你的钱吧!"失主自知理亏，只好灰溜溜地离开了衙门。最后，县官就把这20张银票交给了农民的母亲，对她说："你教育了一个诚实的儿子，这是对你的奖赏!"

问孩子的问题

1.农民的母亲为什么让儿子把钱还给失主?

2.失主为什么说自己丢的是30张银票?

3.县官为什么要把钱奖赏给农民的母亲?

4.失主为什么得不到自己的钱?

参考答案

1.母亲觉得不能拿不属于自己的钱，而且丢了钱的人会很着急。

2.失主不想给农民赏钱，故意诬陷农民。

3.县官认为农民的母亲培养了一个诚实的儿子，值得奖赏。

4.失主不仅不懂得知恩图报，而且诬蔑农民，十分可恶，这是在金钱面前失去诚实的行为，这样的人不应得到这些钱。

第二篇　学龄初期篇

孩子进入学龄期时,父母应该对孩子进行一些简单而实际的理财教育,比如,让孩子学会独立消费;学会储蓄;学会正确使用银行账户;学会合理消费;学会用自己的劳动去挣钱;学会记账,控制金钱,不做金钱的奴隶。

这一时期的孩子,已经有很强的虚荣心,如果父母不善于引导孩子,让孩子学会控制自己的欲望,那么,孩子就会在其他人的影响下滋生自私、虚荣、爱攀比等不良品格。同时,这个时期的孩子的价值观正在形成,父母应该引导孩子,让孩子明白不能为金钱而失去尊严;世界上的东西没有最好,只有最合适,只要自己觉得合适就行;一个人要学会珍惜拥有的一切等。

本阶段学习要点:

◆人不能太贪心,金钱并不是越多越好

◆比钱更重要的还有许多东西

◆在金钱面前应该诚实

◆生命比金钱更宝贵

◆每个人都拥有比金钱更重要的东西,诸如健康、青春等

◆要学会储蓄

◆学会合理使用压岁钱

◆不义之财不能拿

◆每个人都应该自力更生去获得金钱

◆要懂得关心他人

◆怎样合理使用零花钱

第12堂课 让孩子了解家庭状况

本课要点：

告诉孩子真实的家庭情况，让孩子了解家庭的经济状况，培养孩子与父母同甘共苦的品格，让孩子承担起作为家庭一分子的责任。

现在的许多孩子口袋里没有缺少过零花钱，少则几元，多则几十甚至几百元，这些零花钱大部分都用来买吃的、喝的、玩的，能真正用在合理的途径上的很少。在这里，我们做家长的应该让孩子知道钱的来之不易，并引导孩子正确对待金钱。

对于我们周围大多数的家庭来说，父母情愿苦自己也要满足孩子提出的各种要求。而孩子们呢？今天要吃洋快餐，明天要去买名牌运动鞋，后天要出去游玩，他们不知道父母是如何节省每一分钱来维持这个家的。也就是说，孩子对于家庭的经济状况都不甚了解。也许中国的父母吃了太多的苦，当生活条件稍好一些后，就希望自己的孩子不再吃苦，于是，许多家长宁肯苦自己也要让孩子在蜜罐里生活。遗憾的是，父母的苦心并没有得到孩子的回报。我们常说“穷人的孩子早当家”，但现实中的许多穷孩子却不知体谅父母。

有一对含辛茹苦的父母靠卖血来支撑孩子念大学，而孩子却不知用功学习，只知和同学比阔气，讲排场，最终也没有能完成大学的学业。有报道说，靠别人资助上学的贫困大学生，不懂得珍惜别人的资助，花上千元钱为自己添置西服，上网打游戏花掉别人资助的几千块钱的学费等。

这些“寒门逆子”之所以这样，可以说是父母教育的失职。作为父母不能只为孩子提供一切的物质条件，也要让孩子有一份应该承担的家庭责任，培养孩子应有的责任感。

可能很多家庭都避讳和孩子谈论家庭的经济问题，觉得孩子太小、太单纯，正处在学习知识的成长阶段，怕孩子过早地染上世俗的金钱观。还有就是因为钱财是父母应该操心的事情，再苦也不能苦孩子，宁愿自己吃苦受累，也要让孩子花钱享受。家长的这种避讳其实是多余的。现在的经

济社会，每个人的生活都和金钱息息相关，让思想活跃、交往频繁的孩子与金钱隔离是完全不切实际的。

美国儿童文学《雷梦拉与爸爸》曾获得纽伯瑞经典儿童文学奖。这本书讲述了这样一个故事：每个月爸爸发薪水的日子，是雷梦拉最高兴的一天，因为这天爸爸总会买些礼物送给雷梦拉和姐姐，甚至会带全家上“汉堡大王”吃一餐。这天，又到了爸爸发薪水的日子，雷梦拉盼望爸爸能带大家到“汉堡大王”去吃味美多料的汉堡。但是，爸爸回来时，却只给了一包嘎嘣熊，便要雷梦拉和姐姐回房去。雷梦拉和姐姐在房里分糖果时，隐隐约约听到爸妈的谈话——爸爸失业了！

从此，雷梦拉的家里起了很大的变化。

雷梦拉的妈妈为了维持生活，不得不到医院去找了一份工作，每天早出晚归的。雷梦拉的爸爸每天忙着找工作，但是屡遭失败，因此爸爸的脾气变得越来越坏。雷梦拉的姐姐也变得越来越不高兴了。雷梦拉担心地看着家里的每个人，家里的经济越来越拮据，家中的气氛也越来越糟。雷梦拉心想：只要自己有一百万，就能解决目前的问题。她听说电视童星拍一次广告，就能赚到很多钱，于是，她拼命学着童星的模样，希望能被星探发掘；她努力帮助父母减轻家务负担；她不再向父母要求圣诞礼物（只在心里列出清单），而是希望爸爸早日找到工作；她努力做个好孩子，想尽办法希望博父母一笑……虽然这些小小的努力并没有达到雷梦拉所希望的效果，但是，我们从中可以看到，孩子其实是非常愿意与父母一起去战胜困难的。相反的，如果父母对孩子避讳谈家庭的经济问题，反倒容易使错误的、盲目攀比的金钱观乘虚而入，占领孩子不太成熟的大脑，使孩子以为父母的钱来得容易，花钱自然就大手大脚。

孩子也是家庭中的一员，不管家庭条件如何，家长都应该让孩子知晓自己家庭的经济状况，并参与到家庭的经济问题中来，真真切切地让孩子明白，父母挣钱不容易，钱财不是白来的，孩子花钱必须知道珍惜和节俭。孩子如果生活节俭，对父母无疑是一件幸事。

一位妈妈为了照顾家庭而辞去了工作，全家人的经济来源全部依靠孩

子的爸爸一个人。为了更好地教育孩子,这位妈妈想把家庭经济状况告诉年仅7岁的女儿。

这天晚饭后,妈妈对女儿说:“你知道吗?妈妈每天在家里收拾家务,接送你上学,但是,妈妈却不能挣钱了,只有爸爸一个人挣钱来养活我们一家人。”

女儿说:“那有什么关系,反正我们有得花就行了。”

“可是,爸爸挣来的钱不单单要给我们花,还要还住房贷款,交保险费,给你交学费。如果我们再生病或者出现什么意外的情况,我们就没有钱了!”妈妈说。

“没有钱就向别人借呗,舅舅他们不是有钱吗?”女儿想都没想就脱口而出。

“舅舅也有自己的家,他需要给舅妈和弟弟花,我们借了他的钱也是要还的!”妈妈提醒女儿。

“哦!那我们是不是要省着点花钱了?”女儿若有所思地回答。

“那你觉得应该怎么省着点花钱呢?”妈妈追问道。

“我想,以后你去超市买东西的时候少买一点,要买就买那些打折的东西,我的新衣服也可以少买几件,我以后也不在外面吃洋快餐了,妈妈在家给我蒸包子就行了。”

“嗯,真是乖女儿!虽然我们要节约一点,但是,需要花钱的时候还是要花的,只要你努力读书,妈妈就可以有更多的时间去找个兼职的工作,我们一家人过着简单而快乐的生活,这样不是很好吗?”

后来,妈妈发现女儿真的节约了许多,同时,女儿并没有显露出自卑的情绪,相反,因为参与了家庭中的一些事情,女儿反而更加自信了。

社会上有穷爸爸和富爸爸之

分，当然就会有穷孩子和富孩子的区别。因此，当孩子有了自己独立思考的能力后，无论家里的经济条件如何，父母都应该直截了当地告诉孩子，让孩子知道自己家庭的经济状况，让孩子懂得一粥一饭当真来之不易，让孩子承担起应有的责任。随着孩子的长大，他们会对家里的条件有所了解。这不是要让孩子为钱操心，而是要让孩子知道什么是该花的钱，什么是不该花的钱，让孩子懂得消费要量力而行，不要养成“骄奢”的习惯。

亲子小游戏——读读《雷梦拉与爸爸》

材料：图书《雷梦拉与爸爸》。

游戏目的：让孩子明白每个孩子都有责任去关心家里的情况。

活动内容：

1.给孩子购买或者借阅《雷梦拉与爸爸》。

2.父母与孩子一起阅读《雷梦拉与爸爸》。

3.父母与孩子讨论一下雷梦拉为什么要这么做，结果怎样了，问问孩子，如果遇到这种情况他会怎么做?

亲子小故事——能生钱的橙子

叶子妹妹非常喜欢吃橙子。她每天都要吃三个橙子，所以叶子妹妹每天都要叫妈妈给她买许多橙子。

有一天，叶子妹妹又要妈妈去买橙子，妈妈却说：“小叶子，妈妈没那么多钱每天给你买橙子了！”

叶子妹妹伤心地说：“可是，我真的很想吃橙子呀，妈妈您不是有很多钱吗?”

妈妈说：“妈妈每天都要做很多事才挣回一些钱来买吃的，可是，你喜欢吃的东西太多了，妈妈挣的钱不够了。”

叶子妹妹委屈地说：“那、那怎么办呢?”

妈妈对叶子妹妹说：“为什么不让橙子来生钱呢?”

叶子妹妹觉得很奇怪：“橙子怎么会生钱呢?”

妈妈笑了：“当然了，橙子是有魔法的。来，妈妈教你怎样让橙子生

钱。"叶子妹妹很兴奋:"好的,好的,这样,妈妈就可以不用去挣钱了!"

叶子妹妹和妈妈来到厨房。妈妈拿出一个大大的橙子对叶子妹妹说:"小叶子,你看,这是橙子,现在我们把它放进榨汁机里面,然后加入纯净水和糖,打开榨汁机,这样,好吃的橙汁就做好了!"

叶子妹妹问:"可是,橙子没有生出钱来呀?"这时,大头哥哥进来了。

妈妈笑着说:"让妈妈来告诉你橙子怎样生钱吧。"大头哥哥听到橙子可以生钱,就高兴地说:"我也想听听。"

妈妈问大头:"大头哥哥是不是很喜欢喝橙汁呢?"

大头哥哥不好意思地点头道:"是呀,橙汁富含维生素C呀,多喝对人体有好处!"

妈妈接着说:"所以,小叶子可以把做好的橙汁卖给大头哥哥。"

大头哥哥不情愿地说:"为什么要卖给我呀,我可以自己到超市里去买的!"

小叶子生气地说:"我们的橙子是纯天然的,你不懂呀?"

大头哥哥若有所思地说:"这倒也是,那好吧,只要你的价格不比超市里的贵,我就可以买你的橙汁。"

妈妈对小叶子说:"你看,橙子就要生钱了。你问问大头哥哥,他愿意出多少钱买这样一杯橙汁?"

大头哥哥说:"这样一杯橙汁,在超市里卖的话,要2元钱呢!如果你卖1元5角我倒是可以考虑在你这里买。"

小叶子说:"那好吧。"

于是大头哥哥付了1元5角钱,买走了小叶子的第一杯橙汁。

小叶子高兴极了!她居然做成了一桩买卖!

大头哥哥端着橙汁高高兴兴地走了。

妈妈对小叶子说:"小叶子,现在你算算卖掉这杯橙汁,你挣了多少钱?"

小叶子说:"刚才我们用了一个橙子,一个橙子是5角钱,所以卖掉这杯橙汁,我挣了1元钱!如果我每天可以卖掉10杯橙汁的话,那就是每天挣

10元，每个月，我就可以挣300元。300元是好多好多钱！”

小叶子正沉浸在美好的想象当中，妈妈却说：“错了，你的算法是错误的！”

“为什么，那要怎么算呀？”小叶子担心地问道，她生怕自己挣不了这么多钱。

妈妈说：“来，妈妈教你怎么算。你刚才卖给大头哥哥一杯橙汁1元5角钱，这1元5角钱就是这杯橙汁的价格。但是，你用来制作这杯橙汁所用的东西不仅有橙子，还有糖和纯净水，而且你还使用到了榨汁机，机器也会因为榨汁次数多而坏掉的，是不是？”小叶子回答：“是的。”

“那么，”妈妈说道，“实际上，你用来做橙汁时用到的材料有橙子、糖和纯净水。橙子、糖和纯净水就是原材料，榨汁机称为机器，机器磨损要计算折旧费。”

“那我到底挣了多少钱呀？”小叶子有些不高兴了，嘴巴也撅起来了。听起来，橙子、糖和纯净水这些原材料加上机器折旧好像要多于1元5角钱了，那自己不是一点没挣，白干了吗？叶子妹妹越想越不高兴。

“哎呀，小叶子是不是怕自己没得挣了？”妈妈一眼就看出叶子妹妹的心理了，“放心吧，你肯定有得挣的。”

叶子妹妹听说还有钱挣，眼睛一亮，高兴地问道：“是吗？那太好了！妈妈，一杯橙汁我到底能挣多少钱呀？”

“嗯，先看看你用的原材料：一个橙子5角钱，一勺白糖估计1角钱，1杯纯净水估计1角钱，这样总共是7角钱。然后，榨汁机的折旧算是5分钱。这样，你实际上为了制作这杯橙汁需要付出7角5分钱。原材料的费用和机器折旧的费用加起来就是你制作一杯橙汁的成本。而你卖掉这杯橙汁的价格是1元5角，所以，你实际上挣了7角5分钱。”妈妈帮助小叶子计算着。

“那么，就是说，我每卖出一杯橙汁就可以挣7角5分钱，如果我每天可以卖掉10杯橙汁的话，那就是每天挣7元5角，每个月，我就可以挣225元。嗯，225元钱也是好多好多钱！如果我能再找几个像大头哥哥一样的

人,那我的生意就会更好了,那就能够挣比225元还要多的钱了!"叶子妹妹笑得眼睛都眯起来了。

"对了,现在,你的生意已经开始了。橙汁就是你经营的产品,"妈妈说道,"像大头哥哥这样买你橙汁的人就是你的消费者或者顾客。你应该多去找几个顾客来购买你的橙汁,这样,你的生意就越做越大了,挣的钱自然也就多了。以后,妈妈就不用去挣钱了!"

"太好了!"叶子妹妹高兴极了。

问孩子的问题

1.妈妈为什么不给叶子妹妹买橙子了?

2.叶子想吃橙子应该怎么办?

3.你觉得橙子会生钱吗?

4.后来,叶子妹妹有没有用橙子挣到钱?她到底挣到了多少钱?

5.你觉得叶子妹妹用橙子榨汁并卖给别人是一种什么行为?这告诉我们一个什么道理?

参考答案

1.因为妈妈没有那么多的钱,妈妈的钱要用来买其他东西,不能总是给叶子妹妹买橙子。

2.应该通过自己的劳动去挣钱。

3.如果把橙子进行一定的加工变成一种商品再卖给别人,那么,橙子是可以生钱的。

4.挣到了。她把榨好的橙汁卖给了大头哥哥,并从中获得了利润。她挣到了7角5分钱。

5.这其实是一种买卖行为。这告诉我们,我们想要拥有钱,就应该通过合法的手段去获得。

第13堂课　不要羡慕别人

本课要点:

让孩子明白每个人的经济条件不同,没有必要跟别人攀比。一味地羡

慕别人的生活，跟别人进行攀比，只能让自己觉得很累。

曾经看到过这样一篇报道：吉林省长春市的一所小学里，有一个“耐克班”，班里的小学生几乎穿的都是耐克鞋。耐克是著名的运动品牌，价格昂贵，虽然有许多家庭可以承受这笔开销，但对于有些家庭来说，给孩子购买这样一双鞋子意味着父母得节约很长一段时间。针对这种情况，吉林省教育学院副院长张德利教授表示，学生消费的“白领化”，容易让小学生滋长攀比、跟风、虚荣的思想，对他们的成长是不利的。

事实上，孩子对于付出金钱的值与不值是没有体会的，在他们心里，别人有的东西，他们也应该有。因此，父母的责任就是要引导孩子，不要羡慕别人。如果父母不注意引导孩子，这种想法就会主导孩子，从而使孩子的心理变得扭曲，进而让孩子滋生许多不良的品质。

“妈妈，小妮有漂亮的芭比娃娃，我也要！”

“爸爸，为什么伦伦家里那么富裕，我们家那么穷？”

有些父母在面对这种情况的时候，往往会觉得对不起孩子，觉得自己无法让孩子享受更好的生活。实际上，父母大可不必有这样的思想。尽管富裕的家庭条件能够满足孩子的物质生活，但是，如果父母处理不好金钱与教育的关系，富裕家庭出来的小孩，往往比不上经济条件一般的家庭出来的小孩。

英国哲学家培根有句名言：“金钱虽然是好仆人，有时候也会摇身一变变成坏主人。”这是因为在相对艰难的生活环境中，一个人往往会努力挣扎，想要摆脱贫穷艰难的境地，于是，他就会积极进取。事实上，许多生活在富裕家庭的孩子由于缺乏理财教育反而对金钱有一种依赖感，从而失去了独立生活的能力。而生活在

贫穷家庭的孩子，由于经常性地需要精打细算，反而知道如何掌控金钱。结果，这两种迥然不同的金钱观往往决定了孩子不同的命运。富裕本身并没有罪恶，但是，因为富裕而产生的许多不良品质却是罪恶的。当你在为孩子提供富裕的物质生活时，一定要有意识地为孩子提供"穷苦"的生活体验，让孩子在体验穷苦的时候体会到生活的艰辛，学会用自己的双手去创造新的生活。这样，孩子就会成为幸福而又幸运的孩子。

许多富翁都认为在教育孩子时，应该用富门寒教的策略。美国沃尔玛创始人山姆·沃尔顿是一个拥有85亿美元资产的富翁，但是，他却住在一座小镇的普通房子里，平时开一辆旧的福特车，穿着工作服，就像一个普通的工人。他的孩子也与父母一样，非常平民化，从来不觉得自己是富翁的孩子。

如果你的家庭条件并不富裕，孩子对于其他富裕家庭的物质生活表现出羡慕的样子，千万不要觉得对不起孩子，也不要呵斥孩子。许多父母都认为，"再穷不能穷教育，再苦不能苦孩子"，但是，这并不是说完全满足孩子的各种欲望。别的孩子有的，自己的孩子一定要有吗？不一定。许多父母总是觉得不能让自己的孩子太寒碜，总是尽力给孩子购买各种物品。实际上，从长远的角度来看，这不是爱孩子，而是在害孩子。年幼的孩子正处于人格形成时期，如果父母能够让孩子多动手，少花钱，学会自力更生，这对孩子来说才是真正的爱。

亲子小游戏——金窝银窝不如自家的草窝

材料：找一户富裕的家庭和一户贫穷的家庭。

游戏目的：让孩子学会不羡慕他人，珍惜自己拥有的生活。

活动内容：

1.父母先带孩子去一户贫穷的家庭，让孩子体验贫穷人家的生活，并让孩子讲讲自己的体会。

2.父母再带孩子去一户富裕的家庭，让孩子感受富裕家庭的生活，并让孩子讲讲自己的体会。

3.父母与孩子讨论一下贫穷与富裕的差异，让孩子了解不要羡慕他人

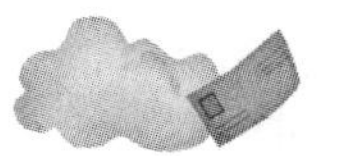

的道理。

亲子小故事——爱攀比的小明

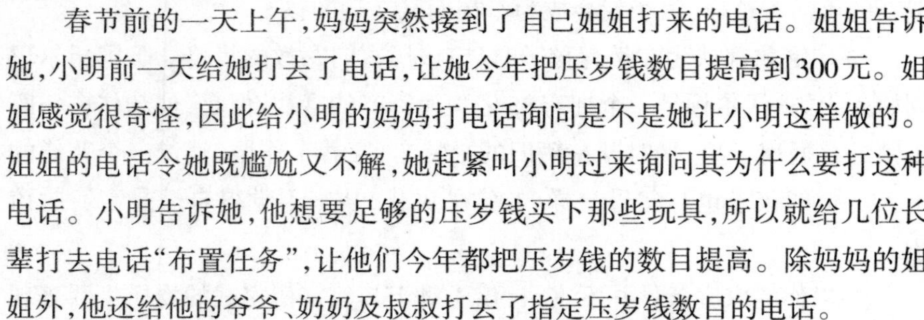

最近一段时间，上小学的小明每天都拉着妈妈逛商场。

妈妈发现小明每次去商场的玩具柜台时，都拿着一个小本子，把其中几种玩具的价格抄下来，对此，妈妈很是疑惑。

春节前的一天上午，妈妈突然接到了自己姐姐打来的电话。姐姐告诉她，小明前一天给她打去了电话，让她今年把压岁钱数目提高到300元。姐姐感觉很奇怪，因此给小明的妈妈打电话询问是不是她让小明这样做的。姐姐的电话令她既尴尬又不解，她赶紧叫小明过来询问其为什么要打这种电话。小明告诉她，他想要足够的压岁钱买下那些玩具，所以就给几位长辈打去电话“布置任务”，让他们今年都把压岁钱的数目提高。除妈妈的姐姐外，他还给他的爷爷、奶奶及叔叔打去了指定压岁钱数目的电话。

原来，小明看到同学们拥有非常精美的玩具，并且在他面前炫耀，小明非常地羡慕，并且觉得自己没有这些玩具，自尊心也受到了打击。但是，他想妈妈不会答应他的购买要求，于是就想出了这个点子。听了小明的话，妈妈很是难过，她赶紧给这几位家人打去电话解释此事。之后妈妈对小明进行了耐心的教育与开导，告诉他别人有的东西自己不一定必须拥有，只要自己健康地快乐生活，就是最大的幸福。盲目的攀比是没有尽头的，而且还会养成不劳而获的懒惰心理。小明终于被打动了，哭着对妈妈说：“我再也不和别人攀比了。”

问孩子的问题

1.小明要钱的目的是什么？

2.他采取的方法正确吗？

3.小明为什么会产生攀比的心理？

4.你认为攀比是有尽头的吗？

参考答案

1.因为他要买各种新奇的玩具。

2. 当然是不正确的。他可以通过与妈妈协商来沟通。

3. 因为同学们在他面前炫耀,从而使小明产生攀比心理。

4. 物质享受是没有止境的,攀比也是没有尽头的。

第14堂课　教孩子学会节俭

本课要点:

让孩子明白节俭是一种美德,更是一种理财的理念和方法。每一个人都应该学会节俭。

现在的许多孩子不懂得节俭,乱花钱、随便浪费的现象很严重。在某个班级,老师说每个学期都能捡拾许多东西,铅笔、橡皮、本子,乃至穿的小夹克等。老师让孩子去认领,却没有人去。在一次家长会上,老师专门讲了这件事,有的孩子明明看见自己的铅笔掉在地上,也懒得弯腰去捡,因为家长会给他们买新的。这种情况不能不引起家长们的深思。

如果我们观察一下拥有巨额财富的人,就会发现,他们之中的大多数人,都过着十分节俭的生活。人们甚至发出这样的感叹:他们的生活与他们所拥有的财富太不相称了!但是,这也真正体现了富翁们的生活态度。拥有几百亿美元的资产的他却不像其他富翁那样有自己的私人飞机,出门公干时他不坐头等舱而坐经济舱,衣着也不讲究名牌;他甚至不愿意为泊车而多花几美元;更让人觉得不可思议的是,他还对打折商品感兴趣……就是这样一个节省之人,竟然是世界首富比尔·盖茨。比尔·盖茨确实是一个与众不同的人。对他而言,财富是衡量他的价值的标尺,他生活的信条就是:一个人只要用好了他的每一分钱,才能做到事业有成、生活幸福。

现代集团创办人郑周永是韩国的富商,他腰缠万贯,拥有巨额的财富,但却是一个

异常节俭的人。在创业时期,他告诫部下"喝咖啡浪费外汇";后来,郑周永甚至不愿意花钱更换磨损的皮鞋底,而是给鞋底补上"铁掌"。

华人首富李嘉诚尽管拥有亿万的财富,但是,在生活上他崇尚简单,非常节俭。他家的餐桌上,总是四菜一汤,吃得很清淡。他的小儿子李泽楷说:"我觉得我很幸运,可能是令人想不到的。我们生活是那样简单,不是说简单就叫做非常好,而是简单原来就是非常幸福。"

不管你的经济条件如何,都不能浪费物品,尤其是不能在孩子面前浪费物品。一个人如果不知节俭,铺张浪费,贪图享受,一味追求物质欲望的满足,必然会导致趣味的低下、志向的短小。"成由俭,败由奢",把节俭的美德传给每一个孩子是父母应尽的责任。

第一,父母要以身作则奉行节俭生活的原则。我国光学专家蒋筑英不仅自己生活很俭朴,也要求孩子们俭朴勤劳。他曾对孩子们说:"孩子小的时候穿得华丽,长大了条件再好也不会满足,要求会越来越高,人应该学会知足。"在蒋筑英夫妇的教育下,他们的孩子路平、路全从小勤劳,生活俭朴。他们很少穿新衣服,一般都将爸爸妈妈的旧衣服改了穿。一双袜子,爸爸穿过了,就给路平穿,路平穿过了,路全穿。路平、路全小时候就自己洗碗、擦地、买生活用品。

蒋筑英同志逝世后,有一天,采访的记者看到路平穿着妈妈穿旧的衣服,路全穿着姐姐穿小的小棉袄,就问他们:"你们看到别的同学、小朋友穿好衣服,不想要吗?"路平回答说:"爸爸妈妈也不穿好的呀,穿暖和、干净的就行。学习好了有人佩服。打扮得好,学习不好,能说你美吗?"

在生活并不富裕的年代,父母节俭,勤劳持家,孩子看在眼里,记在心里,也会和父母一样节俭。但今天生活水平普遍提高了,有些父母不再把"节俭"当一回事,这是一种误区。实际上,在现代生活中,父母们更要以身作则,即使是家庭条件比较富裕,父母也应该勤俭持家,让孩子耳濡目染,养成节俭的习惯。

比如,人不在的时候要及时关灯,把电费上省下来的钱存入"家庭银行";在洗手间的抽水马桶水箱里加入一个注满水的饮料瓶,每次冲水可以

节约一瓶水；购买物品的时候不应盲目消费……

第二，教育孩子如何节俭。怎样才是节俭？怎样做才可以更节俭一些？这需要父母不断地教育孩子。

比如，教育孩子吃东西的时候只拿自己吃得完的数量；教育孩子要爱护自己的物品；教育孩子纸张要写两面；教育孩子当物品坏了的时候要先修理，不可以随便扔掉……父母可以让孩子想出更多的节约主意，并要求孩子在实际生活中应用这些节约的方法。

第三，及时制止孩子的浪费行为。

曾国藩是清朝湘军首领，曾权督四省，位列三公。但他并没有因自己的显贵就铺张浪费，更没有放松对子女节俭习惯的教育。一次，曾国藩一家人高高兴兴地围坐在一起吃饭，儿子曾纪泽一边吃饭一边用筷子往桌子上挑东西。曾国藩仔细一看，原来是饭里夹杂着谷粒。他没有在饭桌上批评孩子，而是拿起筷子把饭桌上的谷粒一一捡起，放到嘴里用牙齿咬掉谷壳，然后将其中的米粒吃了下去。曾纪泽看到父亲这样做，自己也学着父亲的样子，把碗里的谷粒用牙齿咬掉谷壳，再把米吃下去。父亲满意地对曾纪泽点了点头。曾国藩既没有用大道理来说服教育儿子，也没有用严厉的训斥来指责儿子，而是用自己的实际行动，让孩子懂得节约的道理，保持俭朴的家风。

许多情况下，孩子不知道自己的行为是一种浪费的行为，这需要父母的提醒。一般来说，在孩子有浪费行为时恰恰是最好的教育时机。如果父母视而不见，或者听之任之，那么，当浪费的习惯养成后，再苦口婆心地劝说孩子节俭就起不到教育的效果了。因此，当孩子出现浪费的行为时，父母一定要及时教育孩子，避免孩子养成浪费的习惯。

第四，及时鼓励孩子的节俭行为。对于孩子的节约意识和节约行为，父母应该进行鼓励。比如，孩子希望购买一个玩具，但是，家里已经有许多玩具了。父母就可以要求孩子在生活方面节约一些，并答应他持续履行节约行为一段时间后，便奖励他一个喜欢的东西。

在孩子的衣食住行方面，父母要满足孩子的合理需要，但尽量不要给

孩子购买名贵的物品，避免让孩子产生不正确的金钱观念。对于年幼的孩子来说，物品只要质量较好，满足需要就可以了，根本没有必要考虑品牌和档次等问题。

第五，可给孩子讲一些富翁节俭的故事。在日常生活中，父母还可以多给孩子讲一些中华民族的俭朴美德以及中外名人和富翁的节俭故事，让孩子明白节俭并不是小气，而是一种美德。

亲子小游戏——自己动手做玩具

材料：准备一些彩纸、废弃的易拉罐、牛奶盒、可乐瓶、剪刀、胶水、彩笔等。

游戏目的：让孩子学会动手做一些简单的玩具。

活动内容：

1.父母与孩子一起用废弃的易拉罐做一个简单的存钱罐。

可裁剪好大小合适的彩纸，在彩纸上画好孩子喜欢的图案，然后把彩纸粘贴在易拉罐的外面，这样一个可爱又有个性的存钱罐就制作好了。

2.父母与孩子一起用牛奶盒做一个小垃圾筒。

与孩子一起把牛奶盒清洗干净，然后在阳光下晾一下，把牛奶盒裁剪一下，比如在牛奶盒上开个口，或者把顶部全部剪去，用漂亮的纸把牛奶盒粘贴起来，做成一个小型的垃圾箱，摆放在孩子的书桌上，让孩子放丢弃的小物品。

3.父母与孩子一起用可乐瓶给爸爸做一个烟灰缸。制作方法同上。

亲子小故事——富翁的致富经

从前，村子里有一个木匠，他的手艺非常好，做出来的东西不但结实耐用，而且非常精巧美观，远近闻名。因此，附近的人们总是找他做东西，木匠师傅的生意非常红火。

木匠师傅每天都能挣很多钱，但是却总也不够花。因为，他拿到钱后总是去买最贵的食品吃，买最贵的衣服穿。木匠师傅从来都是有多少花多少，每到第二天身上就没钱了。于是，他又得拼命工作去挣钱。

木匠师傅的邻居是一个普通的农民，本来生活非常贫穷，但是，现在却

越来越富有了,不仅盖起了楼房,而且似乎生活得非常富裕。

于是,木匠师傅决定向富翁邻居请教一下怎样致富。

这天晚上,木匠师傅来到富翁家,说明了自己的来意。富翁听完木匠师傅的话后,哈哈大笑:“致富经嘛,说来非常简单。不过,让我先把其他房间的灯关了,我们坐在客厅里好好聊聊这个话题。”说着,富翁就起身去关灯了。

木匠师傅仔细观察了富翁的家,发现富翁家的东西并不多,但是却摆放得井井有条,几乎每一件物品都有使用的价值,不像自己,经常买一些没有用的东西。木匠师傅有点明白富翁的致富原因了。

“让我来告诉你怎么致富吧!”富翁回来了。

“哦,我想我已经明白你的致富经了!”木匠师傅微笑地说,“你的致富之道就在于勤俭呀! 原来我一直没有注意这个问题,以为一个人只要会挣钱就会致富,事实上应该要学会勤俭呀!”

富翁微笑地点了点头。

问孩子的问题

1.你觉得富翁为什么要把灯熄了?

2.富翁为什么会成为富翁?

3.一个人是不是可以随心所欲地买自己想买的东西?

4.你以后是不是也要勤俭一些?

参考答案

1.他认为在没人的房间里开着灯是一种浪费。

2.因为他勤俭持家。

3.不可以。因为再有钱的人也经不起这样花费。

4.勤俭是一种美德,我以后应该勤俭一些,这样才能积累更多的财富。

第15堂课 教孩子经得起诱惑

本课要点:

让孩子学会控制自己的欲望,不被金钱、物质及其他东西所诱惑。

目前,大部分孩子都经不起网络的诱惑,成为网络时代的小网虫。有些青少年沉溺于电子游戏,对电子游戏产生强烈的依赖心理,不能操作时就会出现情绪烦躁等症状,这与吸食毒品的成瘾行为极为相似,被称为"游戏上瘾症"。

有位老师讲了亲身经历的一件事:班上有一个学生是孤儿,被叔父收养,学习跟不上进度,很不守纪律,而且迷上了网络游戏,常常逃学,令多数老师头痛。有一次,我和他谈心。"老师,你爱玩游戏吗?"我没直接告诉他我上网不玩游戏,而是委婉地说:"说真的,我也是个网虫了,可就是不会玩游戏,你能教教我吗?"他满口答应了。在以后的时间里,随着我和他接触的时间增多,他开始和我说真心话了。他说他在家里感觉不到家庭的温暖,可在游戏里却能体验到温暖和快乐。当他取得成功的时候,有人向他表示祝贺。他说他学习成绩差,多数老师对他冷眼相待,同学们也不喜欢他,而在游戏的虚拟世界里却得到了满足,体验到了成功的喜悦。因此,他对网络游戏产生了强烈的依赖感,总是无法摆脱。我听后默默无语。后来的日子里,我在生活上关心他,把他请到家里让他上网,和他交流游戏经验,告诉他哪些游戏能玩,哪些游戏不能玩,课余时间帮他补习文化课。两个月后,他从虚拟的世界里走了出来,成绩也渐渐地提高了!

实际上,网络只是现代社会中一个诱惑而已。现在的社会诱惑太多,而且许多媒体也在宣扬吃好、穿好、用好、玩好,电视上刺激孩子盲目消费的广告形形色色。家长出于爱孩子的心理,迁就孩子自不必说,就连家长自己往往也产生了攀比、从众、赶时髦等心理。而金钱与物质的诱惑往往是青少年走向犯罪的一个诱因。

要让孩子抵制诱惑确实是一件不容易的事情,但是,作为父母,必须要给孩子打预防针,以防止孩子迷失在不良的诱惑当中。

第一,教孩子抵制不健康东西的诱惑。现在社会,诱惑孩子的因素很多。一些网站、报纸、杂志、电影、录像、图书等中都有不健康的内容,这些不健康的内容很具有诱惑性,会腐蚀青少年的心灵。如果孩子缺乏自制力,经不起诱惑,那么,他就会沉迷于花花世界中,丧失自我。父母要经常

跟孩子讨论什么内容是健康的,什么内容是有毒害的,以提高孩子的鉴别能力,让孩子自觉抵制不健康的东西。

第二,教孩子抵制物质的诱惑。对于年幼的孩子来说,物质的诱惑总是难以抵挡的。比如,看到广告就想买广告中的商品;看到自己喜欢的东西就赖着不走;看到别人有的东西自己也想有等。可以通过以下方法教孩子抵制物质诱惑:

1.多与孩子讨论广告,引导孩子正确面对广告的诱惑。

2.教孩子分辨需要与想要,买东西一定要根据需求而定,而不是喜欢就买。

3.想办法转移孩子的注意力,避免孩子接触过多的诱惑。

4.让孩子学会权衡取舍,引导孩子自主控制不良欲望。

第三,不要用物质来引诱孩子。在日常生活中,父母最好不要以物质来诱惑孩子干活或者学习,不要总对孩子说"今天表现真好,带你吃大餐"或"这次考试成绩挺好的,奖励你一双名牌运动鞋"之类的话。对于孩子的奖励要更加注重精神奖励,"这次考试成绩挺好的,离你的理想——当老师——越来越近了,真替你高兴,一定要不断努力哦!"同时,父母要引导孩子树立远大的理想,用自己的志向去抵抗不良的诱惑。

第四,用励志故事教孩子抵制诱惑。父母要让孩子有清醒的头脑,认清什么事可以做,什么事不该做,要能全面稳定地把握自己,要让孩子戒除一些模仿和好奇心理。父母可以给孩子讲一些励志故事来熏陶孩子,让孩子对诱惑有一定的抵制力。

比如,宋代的范仲淹就是一个能经得起诱惑,爱读书、立大志的好榜样。范仲淹的家境十分贫寒,他上不起学,就一个人跑到一间僧舍去读书。每天晚上,他用糙米煮一锅稀粥,等第二天粥凝固了,用刀切成四份,自己每天早晚各吃两份。没有菜,他就挖一些野菜,用盐水腌了就饭吃。一天,他的一位同学来看他,看到范仲淹生活如此清苦,心里十分感动。回家后,就把范仲淹的情况告诉了父亲。他父亲马上让人给范仲淹送去好酒好菜。可是,过了几天,当这位同学又来看范仲淹时,惊奇地发现他父亲送

来的酒肉还原封不动放在远处。范仲淹说:“我不是不感激令尊的厚意,只是我平时吃稀饭已经成了习惯,并不觉得苦。现在如果贪图好吃的,将来怎么能再吃苦呢?在这里,好酒好菜显然对范仲淹是巨大的诱惑,而对好酒好菜的需求也是他本能需求和欲望,但是范仲淹用坚强的意志战胜了自我本能的需求和欲望,没有让其宣泄出来。因此,范仲淹的远大志向从未被动摇。

亲子小游戏——我的愿望

材料:纸和笔。

游戏目的:让孩子学会储蓄,学会抑制物质的诱惑,延迟自己的欲望。

活动内容:

1. 请你与孩子一起填一张表格。

2. 如果孩子有其他的愿望,请同样填写一份表格,您可以依上面这个表格自己绘制一份,然后根据孩子的愿望迫切程度合理安排储蓄。

3. 告诉孩子,填写表格后,就应该从今天开始储蓄,用自己的储蓄去购买自己想要的东西。

亲子小故事——挡不住的诱惑

有一个穷人,日子过得非常艰苦。有一天,一个富人决定帮他致富。

富人送给这位穷人一头牛,嘱咐他好好养牛,并把自家的荒地好好开垦一下,等春天来的时候撒上种子,秋天就可以收获粮食了。

于是,穷人满怀希望地开始自己的致富之路。

但是,没几天问题就来了。牛要吃草,穷人必须每天带着牛到山上去吃草,但是穷人自己却没有粮食充饥。于是,穷人就想,不如把牛卖了吧,然后买几只山羊,自己先杀一只羊吃,其他的羊可以生小羊,把小羊卖掉,这样不就可以得到更多的钱了吗?

于是,穷人就把牛卖了,买了四只羊。

没多少天,一只羊就被他吃完了,但是,其他三只羊却迟迟不生小羊。于是,饥饿的穷人又杀了一只羊。

看着羊越来越少了，穷人想，如果羊没了，就不能生小羊了，也不能挣钱了。不如把羊卖了，买几只鸡，让鸡下蛋。鸡可以天天下蛋，这样自己不就可以很快有钱了吗？

于是，穷人把羊卖了，买了十八只鸡。但是，刚买来的鸡还不会下鸡蛋。饥饿的穷人又开始杀鸡吃。

当春天来的时候，富人给穷人送来了种子。但是，穷人的牛早就没有了。十八只鸡也全部被他杀完了。穷人又只好天天吃咸菜了。

问孩子的问题

1. 富人为什么要送给穷人一头牛？

2. 为什么穷人要把牛卖了去换羊？

3. 为什么穷人要把羊卖了去换鸡？

4. 最后穷人致富了吗？你觉得穷人不能致富的原因是什么。

参考答案

1. 富人希望穷人通过自己的劳动来致富。

2. 他想用牛去换几只羊，先填饱自己的肚子，然后再通过养羊来致富。

3. 他想用羊去换几只鸡，先填饱自己的肚子，然后再通过养鸡下蛋来致富。

4. 最后穷人依然没有致富，因为他总是抵挡不住美味的诱惑，无法控制自己的欲望。

第16堂课　要花钱，自己挣

本课要点：

让孩子明白每个人都必须通过劳动去获取自己需要的金钱。.

国外的父母都比较重视培养孩子自力更生的能力。美国的中学生有句口号："要花钱，自己挣！"父母在孩子小的时候就让他们认识劳动的价值，让孩子自己动手修理、装配摩托车，到外边参加劳动。孩子只有在使用自己劳动所得的钱时才会比较珍惜。

美国著名喜剧演员戴维·布瑞纳中学毕业的时候，父亲送给他1分硬币

作为礼物。父亲对他说:“用这枚硬币买1份报纸,一字不漏地读一遍,然后翻到广告栏,自己找一份工作,到世界上去闯一闯!”后来,戴维·布瑞纳就自己出去找工作,直到成为著名的喜剧演员。他后来在回忆往事的时候,感激地说:“这枚1分硬币是父亲送给我的最好的礼物。”实际上,戴维·布瑞纳的父亲送给他的是一条最宝贵的人生经验,那就是:“要花钱,自己挣!”

美国波音公司创始人波音对他的子女说:“旧的不去,新的不来,如果你有买新东西的欲望,你就有拼命工作的动力,扔掉旧东西反而能刺激人更多地创造财富。”

有一对年轻的夫妇带着自己刚上小学的女儿去逛街。在一个繁华的闹市口,有一位老奶奶在卖报纸。爸爸从口袋里掏出5元钱让女儿去买10份报纸。女儿买回报纸,父母同女儿商量:照着原价再把报纸卖出去,看看我们能不能很快卖完。女儿在爸爸妈妈的支持下,费了不少时间才把10份报纸卖出去。然后,爸爸让女儿去问问卖报的奶奶,一份报纸能赚多少钱。女儿从老奶奶那里知道,卖一份报纸只赚几分钱。女儿认真地算了一笔账,花了这么多时间才挣几毛钱,而且费了很多辛苦和口舌。女儿说:“看来挣钱太不容易了,我以后可不随便乱花钱了。”爸爸妈妈肯定了女儿的想法,并及时表扬了她,后来,这个小女孩果然不再乱花钱,还懂得节俭了。

这是一个真实的故事，这对年轻的父母对孩子采取了很有教育效果的方法，让孩子懂得劳动的艰辛，从而培养孩子不要浪费钱财的好习惯。因此，在日常生活中，家长应当适当向孩子透露赚钱的辛苦，希望他们珍惜钱财别浪费。家长可向孩子举例，家中供楼、供车、上学学费、书本费支出很多。从小让孩子知道家庭开支有多少，了解家庭财务状况，孩子在使用钱时就会体恤父母的艰辛，每分每毫自然不再胡乱花费而用得其所。参与家务也是孩子应做的分内事，可以让他们知道，不能只向父母索钱而什么都不做，这种体验很宝贵。

一位妈妈向人谈过这样一件事：她刚上小学的儿子很想参加一个小记者班，她就为儿子交了学费。某一天，小记者班要到户外举行采访拍摄活动，儿子兴致勃勃向妈妈要活动费，可是这位妈妈却很郑重地告诉她的儿子："要去参加活动，费用自理！"儿子一听就傻眼了："我的压岁钱早就用光了呀！"于是，这位妈妈就开始诱导他："你已经长大了，可以帮妈妈干家务活了，要不这样，从今天起，你负责饭后的洗碗。每次的报酬为1元钱，怎么样？"儿子很爽快地答应了，因为他太想去采访拍摄了。接下来儿子就正式上岗了。考核制度挺严厉的，因为打碎了碗是要罚款的！这机械而繁重的活让他感到很不适应，可是他为了攒钱，还是坚持了下来。尽管其间他曾抱怨过工资太低，这位妈妈就向他分析说："这是一件很简单的事情，不需要什么技能就可以做的，所以报酬低。但是，如果你做的事是需要动一些脑筋，不是所有人都能随便做到的话，那么报酬就会高起来的。这就需要你不断学习才能做到。"儿子似懂非懂地点点头，终于他攒够了钱参加活动去了。然而，在购买胶卷的问题上，又发生了争执。他执意买了一卷36张的，而没有听从妈妈的劝告买半卷。结果，冲印的时候，自己的钱不够，只能借了。他有点难过，因为辛苦赚的钱这么快就用光了，而且还不够用。这时候他"总结"说："其实那么多照片很多都差不多，拍出来也是重复的，还要浪费冲胶卷的钱，早知道我应该买半卷的！"

每一位父母应该让孩子意识到劳动和工作的重要性，让孩子明白：要获得报酬，你就得工作，只有工作，你才有钱买吃的、穿的以及水、电等家用

必需品。帮助孩子们理解这一点后,父母可以建议,如果他们能在自己的空闲时间做一些额外的家务活,父母可以给他们开工资。双方协商一下,就工作报酬、完成的期限及质量达成一致。一旦孩子完成了工作,报酬就立即支付。

当然,值得父母们注意的是,要求孩子做家务活虽然是培养孩子良好金钱观的第一步,但是,这个方法稍不慎就容易弄巧成拙。许多孩子会误以为做任何事情都可以用金钱来量化。当孩子开口闭口要钱的时候,父母们就要小心,孩子的价值观是不是被混淆了。

亲子小游戏——我的生日party

游戏目的:让孩子知道赚钱的艰辛,懂得劳动的重要性,并珍惜钱。

活动内容:

1. 与孩子约定,生日前的一个月是他可以通过劳动挣钱的一个月,这个月所获得的报酬可用于他的生日 party,当然,生日 party 的形式和花销由孩子自己定。

2. 制订一份适合孩子做的家务价格表,让孩子积极地通过劳动来获得报酬。当然,父母需要对每一份家务活提出明确的要求,只有做合格才可以支付报酬。

3. 每周对孩子的家务活进行一次统计,给孩子发相应的家务报酬卡(家务报酬卡可自己设计)。

4. 到月末,与孩子一起统计一下他所做的所有劳动是否合格,是否需要奖惩。最后,孩子可凭家务报酬卡结算现金。

5. 让孩子用赚来的钱为自己购买生日礼物,或者准备生日 party。

亲子小故事——不同的“偷”之道

从前,宋国有一个姓向的人,他家里十分贫穷。

有一天,向先生听说齐国有个姓国的人家,是天下首富。于是,他专程从宋国跑到齐国,向姓国的人去请教致富的方法。向先生见到国先生后,就向国先生请教致富的方法。国先生见他挺诚恳的样子,于是诚恳地对他

说:“我之所以会富有,是因为我很善于‘偷’。我开始偷窃时,只用了一年的时间就有了吃穿;两年下来就相当富足;三年过后,我的土地成片、粮食满仓,我成了非常有钱的人。从那时起,我便向乡邻施舍财物,帮助他们。”不等国先生说完,向先生就高兴地说:“哦,我明白了。谢谢您的指教!”向先生以为国先生所说的“偷”就是偷东西。于是,他回家以后,到处偷窃。没过多久,他在一户人家家里偷窃的时候被抓住了,不但赃物被收走,而且家里的财产也被没收了。于是,向先生又去找国先生。国先生听了向先生偷东西的情况,又好气又好笑地对他说:“咳!你根本没弄懂我所说的‘善于偷’是什么意思。现在,让我仔细告诉你吧。”

“人都说天有四季变化,地有丰富的物产,我偷的就是这天和地呀。我利用天和地赐予的一切使我的禾苗生长,庄稼茂盛,修建房屋,捕食鸟鱼。你想呀!天上的鸟兽、水里的鱼虾、田里的庄稼、土地和树木,哪一样是我的呢,这些东西都是大自然的产物,我依靠自己的辛勤劳动,向自然界索取财富,当然不会有罪过。可是,你偷窃的东西都是别人积累起来的财富。这种企图用非法手段,占有别人劳动成果的行为肯定会受到法律的制裁。你因偷窃而受到了处罚,那又能怪谁呢?”

向先生听了这番话,惭愧地低下头,一句话也没有说。

问孩子的问题

1. 你觉得偷东西能致富吗?
2. 国先生是怎样致富的?
3. 你觉得一个人要想致富应该怎么做?

参考答案

1. 偷东西不能致富。因为偷东西是非法手段,肯定会受到法律的制裁。

2. 国先生是利用天和地赐予的一切让自己的禾苗生长、庄稼茂盛、修建房屋、捕食鸟鱼从而致富。实际上,国先生是利用大自然的各种条件,通过自己的辛勤劳动来致富的。

3. 每一个人都应该通过自身的辛勤劳动去致富。

第17堂课　给孩子零花钱

本课要点：

让孩子学会保管与使用零花钱，养成有计划消费的好习惯。问问你的孩子，“有了零花钱，你准备怎么用?”相信孩子们的回答是五花八门的：

“我要买零食!”

“我要买玩具!”

“我要买漫画书!”

“我要买唱片!”

尽管每一个家长都会满足孩子们的物质要求，但是，随着孩子年龄的增长，他们需要独立去消费，因此有一定的零花钱是每个孩子所必需的。

那么，在零花钱问题上，家长需要注意哪些问题呢?

第一，要不要给孩子零花钱。一位妈妈说：“我儿子从小就开始拿零花钱，但是，刚上小学的儿子为了得到心爱的车模，竟然花光了积攒近两年的零花钱。我们觉得孩子这样花钱有点过分，从此对儿子的零花钱严格控制，谁知，后来儿子虽然不怎么花钱了，但也变得越来越小气，有时候，要求他给年迈的奶奶买点水果都不肯，学校组织的爱心捐款更是分文不出。”确实，给孩子零花钱并不是让孩子全部花掉，而是让孩子学会怎么支配属于自己的钱。因此，父母应该及早给孩子零花钱，这实际上是给孩子提供一个财智实战的机会。

但是，有些孩子有了零花钱就去买自己想买的东西；有些孩子有了零花钱，就去上网，打游戏，甚至看黄色录像等；有些孩子有了零花钱，就雇用其他同学代自己写作业；在班级选举时，用零花钱去购买同学们的选票……孩子们对零花钱的处理确实存在着许多问题。因此，给了孩子零花钱后，最重要的是父母要善于引导孩子合理使用零花钱。

第二，怎么给孩子零花钱。给孩子零花钱的方式可以根据具体的情况来定。可以按期给孩子一定的零花钱，比如每周或者每月。当然，对于自制力较差的孩子，可以每天给，然后逐渐过渡到每周或者每月给。

第三，该给孩子多少零花钱。有些家长认为，给孩子零花钱不能太少，理由是不能让孩子在同伴面前太寒酸。有些家长甚至认为，多给孩子一些零花钱有利于孩子从小就学会怎样消费。当然，也有些家长认为，给孩子零花钱不能太多，如果孩子从小就学会了大手大脚花钱，长大了就不懂得珍惜。

真是公说公有理，婆说婆有理。广州市穗港澳青少年研究所一项调查显示，青少年每月可自由支配的零花钱，100元以下的占36.5%，600元以上的占8.3%。

我们认为，给孩子多少零花钱不仅要根据孩子的年龄来决定，也要根据家庭的经济条件来决定。比如，对于上幼儿园的孩子，可以不用给零花钱，即使要给，每天也只给5角、1元为宜；对于上小学的孩子，则应该给零花钱，每天可以给1~2元；上中学的孩子则可以增加到3~5元。当然具体要根据孩子的实际花销和家庭经济条件来决定，千万不可盲从其他家庭。

第四，孩子的零花钱该怎么花。在引导孩子怎么花零花钱的时候，家长要注意几点。首先，要培养孩子的劳动意识。家长应该让孩子明白，劳动是最光荣的，不劳而获是可耻的。因此，家长可以让孩子通过劳动来获得零花钱，这种方式有利于提高孩子的主动性和劳动能力。

著名的世界500强企业沃尔玛公司的董事长山姆·沃尔顿是世界上最富有的人之一，但是，山姆·沃尔顿却不给孩子们零花钱，他要求孩子自己挣零花钱。他的四个孩子为了得到零花钱，不得不帮父亲干活。他们跪在商店地上擦地板，修补漏雨的房顶，夜间帮助卸车。父亲付给他们的工钱同工人们一样多。罗佰森·沃尔顿——山姆·沃尔顿的长子，刚成年就考取了驾驶执照，接着，他就在夜间向各个零售点运送商品。后来，罗佰森·沃尔顿回忆说，父亲让他们将部分收入变成商店的股份，商店事业兴旺起来以后，孩子们的微薄投资变成了不小的初级资本。大学毕业时，罗布森已经能用自己的钱买一栋房子，并给房子配备豪华的家具。

第五，要培养孩子的自立能力。让孩子用自己的零花钱去购买自己需要的物品，这是一种最基本的社会生活方式，不仅是孩子独立自主的一种需要，也是孩子成长的一种需要。一般来说，孩子的零花钱主要用来购买

零食、快餐、休闲刊物、唱片、看电影、支付交通费用等。既然给了孩子零花钱,就应该给孩子一定的自由,允许他在一定范围内自由支配零花钱。

比如,一位妈妈在教育孩子合理使用零花钱时是这样做的:母女俩先商定每月给女儿多少零花钱,这个零花钱的数目被称为“基础零花钱”,即主要用来满足女儿的日常基本需要。当然,对于“基础零花钱”的去向,女儿必须有一份详细的记录。如果女儿需要买书、买碟片或者买其他东西,必须向妈妈提出申请,母女俩需要经过商讨,确实是女儿需要购买的,女儿才能领到额外的零花钱。如果女儿想要提高“基础零花钱”的额度,那么,女儿必须向父母提出申请,一家人通过家庭会议最后决定是否提高零花钱的额度。如果每个月末,女儿的基础零花钱能有结余,妈妈就会奖励10元;如果提前用完了,那么,不仅没有奖励,而且还要在下个月的零花钱中倒扣10元。这样,女儿不仅能够利用零花钱培养合理消费的习惯,而且能够学到许多理财知识,比如记账、预算、决算等。

当父母给孩子零花钱的时候,可以问问孩子打算拿钱去买什么,这可以帮助孩子在花钱的时候制订计划。父母不要干预孩子制订计划,但是要对孩子的计划进行监督、检查,看看孩子是否根据计划合理地使用零花钱。通过家长的指导和监督,孩子就会提高理智消费的能力,能够有所节制地花钱。当然,父母也可以提出相应的要求。

比如,对于乱花零花钱的孩子,不妨用合同来约束他。“甲方按月支付乙方零用钱60元,其中20元用于购买书籍,20元用于支付公交车费,10元自由支配,其余10元存入银行卡……乙方若无节制花钱造成透支,甲方有权在下一月将其零用钱减半;乙方若坚持每月存款10元,一年后甲方将给予乙方与存款相同数目的奖金作为奖励……”这是上海某初级中学一年级学生小叶和爸爸签订的一份“零用钱合同”。合同不仅白纸黑字地写明每月零用钱的数额,在零用钱的用途、每月存款额,以及违约惩罚等细节上也作出了规定。叶先生介绍,因为儿子花钱不懂节制,想用合同给他一些约束,奖惩分明的契约形式可能使孩子改掉乱花钱的坏习惯。

当然，在给孩子零花钱的问题上，家长也要注意避免陷入下面的误区：

第一，不能无条件地满足孩子的花钱要求。这样容易放纵孩子对物质的过分要求，从而助长孩子的恶习，当孩子成年后就不善于用自己有限的收入去维持生活，往往会经常出现捉襟见肘的情况，心理也会变得相当脆弱，从而引发一系列的问题。

第二，不能过分拒绝孩子有限度花钱的需求。孩子尽管没有多少花钱的机会，但是，他们也会有一些正当的需求，当孩子有节制地花钱时，父母就不应该过多指责孩子，否则孩子就无法学到怎样合理有效地花钱。当然，给孩子钱的时候可以让孩子知道劳动与报酬之间的内在关系，从而让孩子知道金钱来之不易。

总之，给孩子零花钱的目的是要让孩子成为一个有节制地花钱的人。

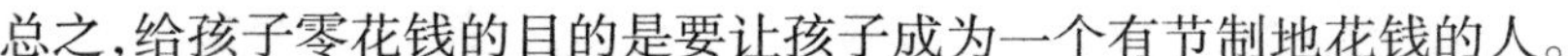

亲子小游戏——我的零花钱

材料：笔、纸、尺等。

游戏目的：让孩子明白自己可不可以获得零花钱，获得零花钱后可用于哪些花销。

活动内容：

1. 与孩子一起讨论一下要不要定期给他一笔零花钱。当然，孩子往往会说要，父母需要引导孩子认真思考他有了零花钱后会用于哪些花销。

2. 与孩子一起讨论这些花销的必要性，可以根据需要和想要的原则来定。

3. 确定每周或者每月给孩子零花钱的额度。

4. 和孩子一起制作零花钱支取和使用的登记表，帮助孩子合理使用零花钱。

亲子小故事——我的零花钱

今天我最高兴了，因为我终于获得掌管零花钱的权力了！这可是我努力争取的结果哦！

其实，每年我都会获得一些压岁钱，但是，妈妈总是说："你还小，不知道怎么保管钱，还是我来替你保管吧！"尽管我心里有一百个不愿意，但是，妈妈却认为我会乱花钱，并对我说："我会帮你把钱存到银行的，等你长大一些的时候再给你。"无奈，每年我都只能不情愿地交出我的压岁钱。

尽管妈妈说她把我的压岁钱都存银行了，但是，我却从来没有看到过存折。我心里想，是不是妈妈把我的钱给"贪污"了？我很想问问妈妈，但是，我却没有这个勇气。

今年，我已经上小学三年级了。过年的时候，我又收到了一大笔压岁钱，妈妈又开始打这些钱的主意了！

我心里非常不愿意，于是对妈妈说："妈妈，我已经长大了，你就让我自己保管这些钱吧！"

妈妈说："你还小，这么多钱怎么保管呀？还是我替你保管吧！"

"妈妈，我想自己保管；我保证不会乱花钱的！"我可怜巴巴地对妈妈说。

"真的？"看到我认真的样子，妈妈有点不敢相信。"那么你想怎么保管呢？"妈妈问。

"我早就想好了。"我兴奋地说，"明天，你陪我到银行去，我们把1000元存入银行。剩下的150元作为我的零花钱，我打算用这笔钱购买一些学习用品、自己想要的东西和送人的礼物？"

"哟，想得还挺周全。那好吧，妈妈答应你了！"终于，妈妈同意了。我兴奋得一夜没睡着。

第二天，我和妈妈一起来到工商银行，我们把1000元钱存进了银行。从银行出来的时候，妈妈把存折交到了我的手里，说："你一定要保管好哟，我定期要检查的。"

"好的！"我高兴地向妈妈敬了一个礼。妈妈乐得哈哈大笑。

过完年，马上就要开学了。这次，我没有让妈妈帮我买文具。而是用我自己的零花钱购买了一些文具和图书，总共花了45元。

开学前，我又去了一趟爷爷奶奶家，花了10元钱给他们买了一些水果，爷爷奶奶乐得都合不拢嘴了。

3月1日是爸爸的生日，我又花了38元钱给爸爸买了一个生日蛋糕。爸爸激动得都流泪了。

爸爸妈妈原来以为我有了钱会乱花，没想到，我却十分节俭，自己从来不乱花。而且，我体会到了给别人花钱的幸福。我打算每年都用压岁钱来购买学习用品，给自己交学费，让爸爸妈妈知道，我是怎么保管好这笔钱的。

问孩子的问题

1.小作者为什么想要保管自己的压岁钱？刚开始，妈妈为什么不让小作者自己保管压岁钱？

2.后来，妈妈为什么会同意小作者自己去保管钱？

3.小作者用这些钱干了什么事？

4.如果你有了自己的零花钱，你会乱花吗？

参考答案

1.小作者想尝尝管理这么多钱的滋味。妈妈认为小作者会乱花钱而不让他自己保管。

2.因为小作者向妈妈说明了保管钱的方法，让妈妈相信他不会乱花钱。

3.1000元存入了银行，用45元钱为自己购买了学习用品和图书，用10元钱给爷爷奶奶购买了水果，用38元钱给爸爸购买了生日蛋糕。

4.如果我有了零花钱，我也不会乱花，我应该向小作者学习，把钱花在有意义的地方。

第18堂课　教孩子学会储蓄

本课要点：

让孩子明白储蓄是理财的一种最基本的方法，每个人都应该学会把一

部分钱储蓄起来以备不时之需。储蓄是一种最基本的理财方式。如果孩子没有一点储蓄的概念，那么，很难想象孩子在成年后能够有节制地使用金钱。因此，对于每一位父母来说，教孩子学会储蓄是相当重要的。那么，怎样引导孩子来储蓄呢？

第一，学会使用储蓄罐。在孩子年幼的时候，父母就可以为孩子准备一个储蓄罐，教孩子把零钱装进储蓄罐。

美国作家戈弗雷在他的《钱不是长在树上的》畅销书中指出，孩子在储蓄时应该把自己的零花钱放在三个罐子里。第一个罐子里的钱用于日常开销，购买在超级市场或商店里看到的“必需品”；第二个罐子里的钱用于短期储蓄，用于购买“芭比娃娃”等较贵重的物品；第三个罐子里的钱则长期存在银行里。

当孩子有几角、几元或者几十元的时候，引导孩子把零钱放进储蓄罐里，并养成习惯，久而久之，当有一天孩子发现钱罐里原来有数目不少的钱时，他会觉得很惊喜，这时告诉他，他的存款可以帮他实现一个大心愿，这样更容易帮孩子建立起储蓄抗风险的理财观念。

第二，引导孩子把一部分零花钱储蓄起来。父母在给孩子零花钱的时候，可以教导孩子拿出零花钱的一部分用于储蓄。当然，这时候的孩子往往不会听从父母的建议，他们会觉得钱就用来花的。在这种情况下，父母不用硬性要求孩子去储蓄，这样反而会加强孩子的逆反心理，导致亲子关系的紧张。一个较好的办法是，当孩子要求父母购买某件他想要而不是必需的物品时，父母可以对他说：“你现在有自己的零花钱了，我们只为你购买你必需的物品，像这样不是必须购买的物品，你应该用自己的零花钱去购买。如果你现在的零花钱不够，你就应该从今天起把零花钱存下来，等攒够了再去购买。”在这种情况下教导孩子学会储蓄，孩子往往会比较有目标，而这个目标就会成为孩子主动去储蓄的强大动力。

当然，如果孩子需要的物品可以通过一周的储蓄而得到，父母就应该鼓励孩子自己储蓄。如果孩子需要的物品需要通过两周以上时间的储蓄才能得到，孩子往往会产生挫折感，有时候甚至放弃储蓄。这时，父母可以对

孩子说："这样吧，你自己储蓄一半的费用，其他一半的费用我可以替你支付。"

第三，学会银行储蓄。"节俭和储蓄是美德"，这种传统的价值观在新加坡的家长和孩子中始终牢固不变。从银行存款额看，早在1992年，新加坡全国中小学生参加储蓄的百分比就超过了53%，平均每名学生大约有1 144新元存款。新加坡的学生如此会存钱，在于社会与家庭、学校的合力引导。教育部、邮政储蓄和银行每年都开展全国性的校际储蓄运动。在这种环境下，许多孩子都成了储蓄迷，他们为了防止自己花钱大手大脚，连提款卡也不申请。当孩子年长一些的时候，父母就可以为孩子开设一个银行储蓄账户了，父母可以引导孩子把多余下来的零花钱都存进银行。同时，父母要告诉孩子一些基本的储蓄概念。比如，活期适宜存一些临时性的钱，这样方便支取；对于一些备用性的钱，则可以存定活两便，需要时即可提取，不需要时则继续存着；如果有一部分钱确定在一定时间内不会使用，则可以存定期以获得较高的利息；如果想要购买一个费用较高的物品，则可以通过零存整取的方式来累积资金，存到一定额度后就可以满足自己的愿望，这种方式不仅可以逼迫自己定期去存一笔钱，而且可以获得一定的利息。当然，有些父母尝试让孩子把钱存在自己这里，并按银行同期利率给孩子支付利息，这也是一种不错的方法。总之，在孩子第一次为某件物品进行储蓄的时候，父母就应该努力帮助孩子达到目标，这样，孩子在成功的喜悦下往往会加强储蓄的意愿。

一位妈妈在教导孩子储蓄时，采用游戏的方式来引导，孩子一下子就对储蓄产生了兴趣。她是这样描述自己的成功的：

我女儿5岁的时候，我就觉得应该让孩子养成储蓄的习惯，但是，我觉得如果单纯跟她讲储蓄理财，孩子还太小，可能无法理解，于是，我想到了用游戏的方式。有一次，我把女儿带到超级市场，女儿总是非常喜欢逛超级市场，她往往会要求我给她购买一些漂亮的、有意思的物品。那天，她看上了一条漂亮的白纱裙。她非常希望我给她购买这条漂亮的裙子。但是，我当时并没有给她买。我对她说："宝贝你想不想用自己的钱买一条漂亮

的裙子？这样，小朋友会非常羡慕你的。"女儿明显有点心动，但是，她又有些犹豫，因为她看到裙子的标价是150元。于是，我对她说："上次奶奶给你的100元钱，妈妈替你收着呢，这次可以用来买裙子了，但是，你还需要自己存50元钱。只要你每天把零花钱存下来，两个礼拜你就可以得到你心爱的裙子了。"

"年幼的女儿尽管有些不大愿意，但还是同意了。回家后，我们一起用一个透明的塑料罐做了一个储蓄罐，并在罐子上贴了一张储蓄进度表。这样，女儿每天往储蓄罐里投2元钱，我和她爸爸有时候看女儿表现不错，会额外奖励她一元、两元的，女儿都把这些钱投进了储蓄罐。每天晚上睡觉前，女儿都会在储蓄进度表上写下当天的储蓄额。就这样，经过25天的储蓄，女儿终于攒足了50元，买到了她心仪的白纱裙。这条裙子女儿一般的时候舍不得穿，看来她是非常珍惜自己储蓄买来的东西。"

辛苦储蓄后购买的物品，孩子往往比较珍惜、爱护，因为这个物品来得太不容易了。

亲子小游戏——我的储蓄罐

材料：储蓄罐，零钱。

游戏目的：让孩子学会储蓄。

活动内容：

1.给孩子购买一个储蓄罐。当然，最好与孩子一起去购买一个他喜欢的储蓄罐，这样有助于孩子提高储蓄的兴趣。

2.跟孩子约定，每天把多余的零花钱存到储蓄罐里。如果孩子每周能够存一定的钱，父母则再额外多给孩子一定的钱放入孩子的储蓄罐。如果孩子的零花钱无理由超支，则孩子不但需要自己去支付额外的支出，而且需要赔偿父母一定的钱。

3.让孩子在本子上记录每周存入储蓄罐里的钱及父母的奖励和处罚，每周或者每月做一次统计，并在月末对孩子再进行一次奖惩。

亲子小故事——蚂蚁和知了

炎热的盛夏,一群蚂蚁正在搬运食物。他们都很卖力,个个累得满头大汗。

路边的大树下,一只知了正歇在树枝上唱歌。知了看到蚂蚁每日辛苦劳作,觉得他们很傻,忍不住说:"这么热的天,为什么不像我一样,躺在树丛中休息呢? 你们为什么整天扛着那么沉的东西?"

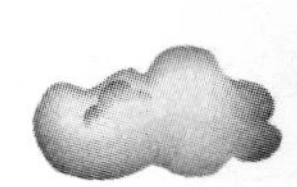

"我们在储备过冬的食物呢!"蚂蚁们一边工作一边回答说。

知了听了,哈哈大笑起来:"这里到处都有食物,还用得着储备吗? 大热天的,应该唱唱歌,享受美好的生活!"

蚂蚁们劝说知了:"冬天很快就会来的,到时候找不到食物,就会挨饿。你还是赶紧储备一些食物吧!"

知了漫不经心地说:"冬天还早着呢! 等我学会了这几首歌再准备也来得及!"

蚂蚁们见知了听不进劝告,就匆匆去工作了。

知了看着忙碌的蚂蚁们,还是挥动着翅膀在树枝上唱歌。

不知不觉,夏天过去了,秋天也过去了,寒冷的冬天来了!

蚂蚁们躲在温暖的洞穴中享受美餐。它们的洞中,堆满了夏天储备起来的食物。蚂蚁们一边吃着美食,一边唱歌,大家都觉得非常幸福。

这时,知了站在掉光树叶的树枝上,觉得特别寒冷。不一会儿,下雪了,好久没吃东西的知了,更是在雪中哆嗦。

饥饿难忍的知了来到蚂蚁家门口,他闻到里面传来香喷喷的食物味道,就去敲门。

听到敲门声,一只蚂蚁打开了门。

知了哆嗦地说:"可怜可怜我,给点儿吃的吧!"

蚂蚁一看是知了,就不客气地说:"你忘记夏天时快乐地唱歌了? 不懂得储备食物的人,在冬天是注定要被饿死的!"

知了惭愧地低下了头。

问孩子的问题

1. 蚂蚁为什么要储备食物？

2. 知了为什么不想储备食物？

3. 知了为什么会觉得惭愧？

4. 你觉得平常是不是应该储蓄一些钱？

参考答案

1. 蚂蚁储备食物是为了过冬，因为冬天太冷，无法外出觅食。

2. 知了觉得应该享受美好的生活，不用着急储备冬天的食物。

3. 因为他没有储备冬天的食物，在冬天来临的时候，他找不到食物，这就意味着他可能要被饿死。

4. 每个人都应该储蓄一些钱以备急用。

第19堂课　合理使用压岁钱

本课要点：

让孩子明白长辈给孩子压岁钱只是一种祝福，并不是越多越好；收压岁钱是一种人情往来，父母需要承担同样的支出；让孩子明白压岁钱是不可以乱用的，应该合理使用压岁钱。

在中国，春节期间，每一位孩子都会收到来自长辈的压岁钱。以前，长辈给孩子们少量的压岁钱以示祝福，但是，现在的压岁钱已经失去了它原来的意义。随着生活水平的提高，长辈给孩子压岁钱的数目也越来越大，以至于有些孩子在春节期间竟然能够成为“万元户”。这么多的压岁钱对于没有经济收入的孩子来说是非常惊人的数目，大部分孩子对此非常兴奋，每年总会盼望春节的到来。可见，对于正在成长当中的孩子们来说，压岁钱变成了一个财源，受

之无愧,花之无所谓。

要避免孩子养成这种错误思想,就应该教孩子合理使用压岁钱。

成都一个14岁男孩春节得到的压岁钱不下2000元,于是请了3个同学洗桑拿浴,一下子用去了600元,还振振有词地说:“我用的是自己的压岁钱。”

深圳几位七八岁的孩子在一家酒楼点了一桌2000多元的酒菜,点的都是高档的菜,招呼服务员服务时活像一群小阔佬。在聊起自己的压岁钱的时候,最多的一个小孩收了12000元,最少的也有几千元。请客的小男孩居然指着身边的女孩说是他的“女朋友”。

压岁钱的问题已经让家长忧心忡忡。毕竟,这么多钱让孩子拿着是不太放心的。但是,如果让孩子把所有的压岁钱都交给爸爸妈妈,孩子也会不高兴。怎样合理处理压岁钱呢?

第一,父母应该在春节前就与孩子讨论一下关于压岁钱的问题。父母应该让孩子明白,压岁钱是长辈对小孩的情感体现,孩子在收到压岁钱的时候,父母同时要付出相应数目的压岁钱给其他小孩。实际上,压岁钱是人情往来的一种礼节。因此,孩子收到的压岁钱实际上是以父母付出相应数目压岁钱为代价的,并不能算是孩子个人的钱。

第二,父母应该教育孩子不乱收压岁钱。孩子总是希望收到更多的压岁钱,实际上,压岁钱的支付对于亲戚朋友来说也是一种负担,尤其是一些经济条件并不好的亲戚和没有经济收入的老人。因此,父母应该让孩子明白,哪些压岁钱是能收的,哪些压岁钱是不能收的;哪些压岁钱可以花,哪些压岁钱是不可以花的。

第三,教育孩子收压岁钱要通知父母。父母应该教孩子在收到压岁钱的时候及时通知父母,以便父母及时做到礼尚往来。教育孩子不能私自收取他人的压岁钱,收压岁钱的时候一定要经得父母的同意。

第四,改变给压岁钱的方式。对于父母,可以避免给孩子压岁钱,而是用其他物品来代替。高尔基说过,书籍是人类进步的阶梯。因此,父母们不妨用送书来代替给压岁钱。比如,一位年轻的母亲在春节前到书店给孩

子挑书，她说："女儿已经5岁了，她非常喜欢看书，在她进入幼儿园前，我给她买点书比给压岁钱要好。"

另外，送孩子股票、纪念币、邮票等也是不错的选择。

例如，美国纽约有一位名叫格蕾迪斯·格雷厄姆的中学教师，无论是圣诞节还是孩子的生日，她总是把股票当做礼物赠送给孩子们。迄今，她的儿女们通过这份特殊的礼物，各自的账户已经膨胀到1万美元左右。这位教师的观点是：此举不仅能为孩子们积累上大学的费用，而且也给他们灌输了金融、经济知识。她说："现在我的孩子们已经养成习惯，每当得到现金或者支票礼物时，就会立即将它们转入股票账户。"

第五，教育孩子合理使用压岁钱。收到压岁钱后，父母最好不要全部没收，也不要全部替孩子保管，这样，孩子会产生不满的情绪。可以给孩子开个账户，让孩子存到银行里。如果数目较小，可以让孩子保管银行存折；如果数目较大，可以跟孩子商量一下这笔钱的用途。

一般来说，压岁钱大致有以下几个用途。

1.交学费：可以跟孩子商量一下，他的学习费用是一项较大的支出，应该学会用自己的压岁钱去交学费，这样既可以减轻父母的经济负担，孩子也会学会自力更生，对自己负责。

2.订阅画报、杂志等：一方面，可以开阔孩子的眼界，增长孩子的见识；另一方面，还可以让孩子养成爱学习的好习惯。

3.购买学习用品及益智玩具。

4.为孩子办理保险：如少年儿童终身幸福保险、医疗保险等，解除孩子健康成长和升学成才的后顾之忧。

5.捐献：捐给希望工程等一些慈善机构，帮助贫困落后地区的小朋友，培养孩子助人为乐的精神。

6.给长辈送礼物：让孩子用自己的压岁钱孝敬长辈，培养孩子敬老的美德。

7. 为自己的生活买单：帮助家里解决一些经济困难或购买急需物，增强孩子的家庭观念，增进亲人间相互关爱的情感。

当然，对于四五岁以下的孩子，父母可以完全掌控孩子的压岁钱。尽管我们可以把孩子收到的压岁钱暂时保管起来，但是，这并不意味着父母可以没收孩子的压岁钱。父母可以根据孩子的需要，给孩子购买一些他喜欢和需要的物品。父母也可以给孩子一定的零钱，让孩子自己去购买。零钱的额度应限制在50元以内，同时每次交到孩子手里的零钱不能多于5元。

在孩子四五岁以后，父母还是需要引导孩子合理使用压岁钱。给孩子自由支配的压岁钱可以增加到100元。这需要父母在春节前就与孩子商量好，而且还应该分批给孩子。每次孩子使用压岁钱购买物品时，父母都要提醒孩子已经用掉了多少，还有多少可以使用，引导孩子控制自己的消费，计划着花钱。随着孩子年龄的增长，给孩子自由支配的压岁钱的数目也可以增加。

亲子小游戏——我来发压岁钱

材料：一定额度的钱。

游戏目的：让孩子明白压岁钱的祝福作用，培养孩子关心他人、不乱花压岁钱的好习惯。

活动内容：

1. 与孩子商量，在春节收到他人的压岁钱后，如果对方是没有孩子的老人，则让孩子用收到的压岁钱中的一部分，给老人也发一个“压岁钱”的红包，数目不用很大，可以是收到的三分之一甚至是一半，目的是让孩子学会关心老年人。

2. 如果对方亲戚也有孩子，要求孩子把收到的压岁钱用来支付对方孩子的压岁钱。目的是让孩子明白压岁钱的祝福作用，了解人情上的礼尚往来。

亲子小故事——压岁钱的来历

每当春节来临的时候，每个长辈都会给孩子一些压岁钱，每个孩子都

非常高兴。孩子们会拿着压岁钱去购买自己喜欢的食品、鞭炮、玩具等物品。

但是,你知道压岁钱的来历吗?你知道长辈为什么要给小孩子压岁钱吗?这里面有一个故事。

传说在很久很久以前,有一种黑身白手的怪兽叫"祟",它经常在大年三十晚上出来,遇到熟睡中的孩子,喜欢用手去摸孩子的脑袋,孩子们往往被怪兽吓得大哭,接着就头疼发热说梦话,轻则生病、发傻,重则死亡。因此,每年的大年三十,家家户户都亮着灯不睡觉,防止怪兽"祟"来骚扰孩子,这就叫做"守祟"。

据说嘉兴府有一户姓管的人家,夫妻俩晚年得子,因此非常疼爱这个孩子,生怕孩子会受到一些伤害。

那年大年三十晚上,老两口怕"祟"来折腾自己的孩子,于是一直守在孩子的身边,一刻也不敢离开孩子。老两口给孩子一串铜钱玩耍,孩子用红纸包了八枚铜钱,包了拆,拆了包,玩得不亦乐乎。

到下半夜的时候,孩子玩累了,就把铜钱放在枕头边上睡着了,老两口也累得趴在孩子的身边睡着了。

就在老两口睡着的时候,一阵阴风吹开了房门,灯火被吹灭了,"祟"真的来了!

"祟"走近小孩,正要去摸小孩的脑袋,这时,孩子枕头边上发出一道强烈的闪光,"祟"被吓得缩回了手。看着小孩边上有东西在闪闪发光,"祟"吓得逃跑了。

当老两口醒过来的时候,他们知道"祟"已经来过了,但是,孩子却安然无恙,老两口非常高兴。

从此以后,每年的除夕夜,他们都要偷偷地在孩子的枕头底下放一些钱,用来压"祟"。其他人家也纷纷仿效,在孩子的枕头底下放一些钱用来压"祟"。结果,"祟"再也没来过,孩子们都非常平安。

因为"祟"与"岁"谐音,就变成了"压岁钱"。这就是"压岁钱"的来历。因此,压岁钱实际上是用来避邪的。

在古代，压岁钱是用红线串上一百枚铜钱做成的，意思就是“长命百岁”。压岁钱的形状有鲫鱼形、如意形或龙形等吉祥形，意思就是“钱龙”、“钱余”，都是表示吉祥、富裕的意思。压岁钱可以放在孩子的床脚，也可以放在孩子的枕头底下。

到了明清的时候，压岁钱演变成用红纸包一百文铜钱给晚辈，意思也是“长命百岁”，对于已经成年的晚辈，则在红纸里包一枚银元，意思就是“一本万利”。后来，货币改为纸币后，长辈们喜欢到银行兑换票面号码相连的新钞票给孩子，祝愿孩子“连连高升”。

问孩子的问题

1. 为什么长辈要在大年三十的时候给小孩子一些钱?
2. 压岁钱是让小孩用来乱花的吗?
3. 长辈一定要给孩子压岁钱吗?
4. 压岁钱越多越好吗?

参考答案

1. 传说，有一种叫“祟”的怪兽经常在大年三十晚上出来骚扰孩子，被骚扰的孩子往往轻则生病、发傻，重则死亡。把钱压在孩子的枕头底下可以避免“祟”来骚扰孩子。因为“祟”与“岁”谐音，就变成了“压岁钱”。可见，压岁钱实际上是用来避邪的。

2. 不是。压岁钱代表的是长辈对晚辈的一种美好祝愿。

3. 不一定。

4. 不是。

第20堂课　体验独立消费

本课要点：

让孩子尝试独立消费，在消费实践中培养初步的合理消费能力。

“妈妈，我可以买这个吗?”

“爸爸，我能不能自己去买?”

对于五六岁的孩子，父母已经可以让孩子独立进行一些小额的消费

了，比如购买零食等。父母可以给孩子一元或者两元钱，让孩子自己购买喜欢的食品。

大卫·欧文在他的著作《我家老爸是银行》一书中指出，多数父母即使让孩子拥有存款，却完全不给他们支配的权力，在孩子想要购买物品的时候，如果父母觉得没有必要，就会阻止孩子购买。实际上，这种方式不仅不利于孩子提高理财能力，而且还会加剧亲子之间的矛盾。

确实，如果父母不放手让孩子独立消费，孩子是无法形成真正的消费概念的。对于大多数孩子来说，他们非常需要独立消费的那种体验。

一位妈妈说："我带孩子上超市的时候，往往会告诉孩子，她最喜欢吃的东西需要多少钱，如果孩子想买，我就会让孩子自己去拿这个商品，然后给孩子一张小额的钱币，让孩子自己拿钱到收银处结账。我觉得这种方法有利于让孩子理解任何东西都需要用钱去买，不可以随便去拿，同时孩子还学会了在消费中怎样与人打交道。"

对于有人认为，过早让孩子学会去买东西是不是会让孩子养成乱花钱的坏习惯，这位妈妈说："我并不觉得孩子学会独立消费后就会乱花钱，实际上，给孩子钱让他们独立去消费就等于把消费的主导权交给了孩子，当孩子有机会支配钱的时候，他们反而会更加珍惜钱，因为孩子们知道，他们只有这些钱可以花，因此他们往往不敢乱花。"

实际上，当父母决定给孩子零花钱的时候，就应该让孩子学会储存自己的零花钱，当孩子有想要的东西要买时，就用零花钱去支付。这样，孩子就会体会到用自己的存款来购买自己想要的东西时的愉悦和兴奋，同时，孩子也会学会节约，不乱花钱。

一位妈妈的做法就非常好，她是这样说的："我的孩子从6岁就开始拿零花钱了。我给零花钱的标准是几岁，每周就给几元，所以现在他7岁了，每周可以拿到7元。从他一开始拿零花钱起，我就和他约法三章，零用钱的1/3必须是放进小钱罐里的。我给他买了一个邮筒型的钱罐，每次放零钱进去的时候，他都会说，我又寄出2元了。孩子必需的东西，由我来付款，例如衣服、鞋子、食品、上学用品等。对于他自己想要的东西呢，例如玩具、糖

果、时髦小玩意那些，他得自己付款。为什么呢？因为这样的话，他才会去衡量到底他买回来的那件东西是否真的有用、有价值，而不会冲动地买回来而浪费钱。有一次，儿子看见一件他很喜欢的玩具，他询问我是否可以给他买。我说，当然可以，你自己有钱。结果，他并没有买，因为他算了算，花70元去买那个玩具回来，意义不大。他知道自己的零花钱得来不易，所以呵护有加！"

孩子如果一直花父母的钱，他根本不知道珍惜父母的劳动，因为他无法体会到钱的意义。只有让孩子自己拥有钱，并在购买一些奢侈品时，让孩子用自己辛苦存下来的零花钱去购买，孩子才会真正体会到钱的价值。

一般来说，父母可以和孩子商量一下，比如，必需的学习用品、生活用品等可以由父母来购买，但是孩子自己想要购买一些玩具、给朋友的礼物、好吃的零食等就应该由自己付钱了。只要父母跟孩子商量好规则，并且严格遵守这些规则，孩子就会学会用自己的钱去购买最合适的东西，就会学会勤俭节约了。让孩子从小学会合理安排10元钱的用途，长大后，孩子也会合理安排更多的钱，从而让孩子从小就锻炼出管理和支配自己金钱的能力。

当然，让孩子体验独立消费并不是完全不管孩子怎样消费，而是要孩子不大手大脚地乱花钱。比如，有些孩子在自己有钱后，就会毫无节制地购买自己喜欢吃的零食；有些孩子甚至非常大方地把自己的钱给其他小朋友用；有些小孩子则总是拿钱去玩游戏、上网等。在这种情况下，如果父母不加制止，孩子将会形成乱花钱的习惯。

亲子小游戏——今天我买菜

材料：一定额度的钱。

游戏目的：让孩子学会用一定的钱购买一家人的菜，培养合理消费的能力。

活动内容：

1.父母给孩子一定额度的钱（比如50元），要求孩子去超市或者菜市场为全家人买菜。

2.父母要给孩子讲清这次采购的要求,比如:两种荤菜,三种蔬菜,两种水果,一种饮料。要求孩子在父母所给的额度内完成这次采购任务。

3.父母与孩子同行,父母可以给孩子做参谋,但是,一定要把选择和决定权交给孩子。同时跟孩子强调,绝对不能超过预算,超过预算只能削减采购数量或者用其他较便宜的东西代替。

4.最后对孩子的采购任务进行点评,尤其要进行表扬,以提高孩子独立消费后的成功体验。

亲子小故事——撒谎的小男孩

有个小男孩经常帮妈妈到楼下的小卖部去买东西。

有一天,妈妈又叫小男孩去小卖部买一斤酱油。拿着妈妈给的5角硬币和酱油瓶,小男孩高高兴兴地去了小卖部。一路上,他边走边玩,还捡了几块好看的小石头把玩。谁知,走到小卖部的时候,小男孩竟然发现自己手中的5角钱不知道什么时候已经掉了!这下怎么办呢?小男孩有点慌了!他根本不知道钱掉哪里了,如果再回去跟妈妈说自己的钱掉了,妈妈肯定要责备自己的。但是,没有钱买不了酱油呀!如果空着瓶子回家去,妈妈还是要盘问自己的,怎么办呢?

不一会儿,小男孩就想到了一个好办法。原来,那时候小卖部的酱油是装在一个大水缸里的,每次,小卖部的阿姨都会用一个大勺子打一勺灌到买酱油人的瓶子里,那一勺就有一斤。

这位小男孩就趁小卖部阿姨不注意的时候,把一颗小石子扔进了装酱油的大缸子里,然后,他哭着说道:"阿姨,我的5角硬币掉大缸子里去了。买不回酱油,妈妈会骂我的!"阿姨一看是经常来买东西的小男孩,就和蔼地对他说:"没关系,反正硬币已经掉到我们的酱油缸里了,等酱油卖完了就可以取出来。我把酱油打给你,你妈妈就不会骂你了!"

结果,小男孩顺利地打到了酱油。

后来,小男孩每次走过小卖部的时候,他总是要看看那位阿姨,阿姨每次都会和蔼地和他打招呼,但是,小男孩却非常不安。日子一天一天过去,他一直想象着小卖部阿姨卖完酱油时,没有看到5角硬币时的失望神情。

小男孩非常害怕小卖部阿姨发现自己向她说了谎。于是,小男孩每天把妈妈给他的1角零花钱省下来。终于,当他有了5个1角硬币的时候,他跟妈妈换了1个5角的硬币。然后,他趁去小卖部买东西的时候,把这个5角硬币扔进了小卖部的酱油缸里。小男孩把这5角钱扔进小卖部的酱油缸里后,小男孩的心情一下子觉得特别轻松。

问孩子的问题

1. 你觉得小男孩欺骗小卖部阿姨的做法正确吗?
2. 如果你是那个小男孩,掉了钱的时候会怎么办?
3. 为什么小男孩后来会觉得不安?
4. 最后,小男孩为什么觉得心情变轻松了?

参考答案

1. 不正确。
2. 我觉得应该实事求是地向妈妈说明情况,尽管妈妈可能责备自己,但是,毕竟是自己丢了钱,应该勇敢地承认错误。
3. 因为他觉得自己欺骗了小卖部的阿姨,是个不诚实的孩子。
4. 因为小男孩最终用自己的零花钱还上了钱,他改正了自己的错误。

第21堂课　拾金不昧很重要

本课要点:

让孩子明白,不可以拿不属于自己的钱,拾到他人的钱应该归还他人。在孩子了解金钱的作用后,许多孩子往往会变得特别"精""唯利是图",甚至是掉到钱眼里去了!妈妈不小心掉出1元钱,他非得要占为己有;有时候在抽屉的角落发现有一个硬币,也偷偷地放进了自己的口袋。这是人之常情,对于孩子来说,再正常不过了。父母不必为此而担心,只要正确引导孩子就行了。那么,父母应该怎样培养孩子拾金不昧的好品格呢?

第一,父母在日常生活中要树立良好的榜样。

一位妈妈带着孩子去上幼儿园,母子俩在路上捡到了5元钱。儿子对

妈妈说:“妈妈,捡到钱要交给老师。”说着,儿子伸手去拿妈妈手中的钱。

妈妈却说:“傻瓜,干吗要交给老师呀,留着给你买吃的!”

“可是,老师说……”年幼的儿子还想说什么,但是,妈妈却狠狠地白了儿子一眼:“你知道这是谁掉的钱吗? 反正也找不到人了,我们捡的就归我们了! 一会妈妈就给你买好吃的。”

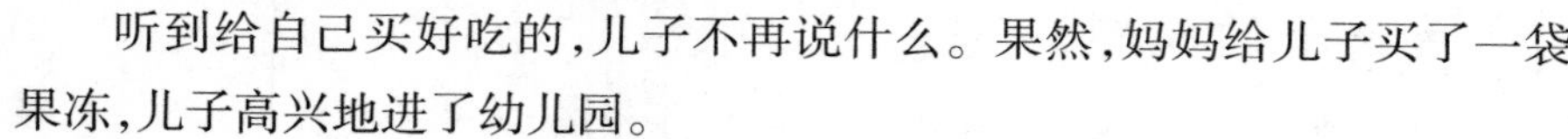

听到给自己买好吃的,儿子不再说什么。果然,妈妈给儿子买了一袋果冻,儿子高兴地进了幼儿园。

一段时间后,妈妈发现儿子书包里经常会有几毛至1元钱,自己并没有给过儿子钱,儿子的钱是从哪里来的呢? 在妈妈的追问下,儿子终于说出这些钱都是自己捡来的,有时候,甚至儿子看着其他人掉了后捡来的。这下,妈妈才意识到儿子对金钱已经有了一种错误的认识。

许多父母没有在意自己的行为会给孩子留下什么印象,事实上,孩子往往以父母为榜样,父母怎么做,孩子就怎么学。如果父母不教育孩子,或者父母自己遇到这种情况也是占为己有的话,孩子就会养成不良的习惯。从开始把拾到的东西归为己有,慢慢会发展成偷窃、抢劫等严重的行为。因此,父母一定要重视教育孩子拾金不昧。

第二,引导孩子不要有占有心理。当孩子出现拾到东西归自己所有这种情况的时候,父母千万不要责骂孩子,这样会让孩子心里产生阴影,而是应该教育孩子不能把别人的东西占为己有。父母可以让孩子想想,如果他自己丢了钱,会不会比较着急。因此,家里捡来的钱,应该交给父母;在外面捡来的钱,应该交给警察叔叔。

一位妈妈曾说过这样一件事情:一个夏日的午后,我带着8岁的女儿出门办点事。在路上,眼尖的女儿发现树荫底下有10元钱。她捡起钱跑到我身边,咧着嘴笑道:“妈妈,我捡到10元钱,我们去买冷饮吃吧!”尽管我觉得女儿运气很好,但是,我马上就意识到这是一个教育女儿的好时机。于是,我对女儿说:“虽然妈妈也很想喝冷饮,但是,这并不是我们的钱。我们应该为丢钱的人想想,如果每个人捡到钱都归自己所有,你想想,当你丢钱的时候,你会多么难过?”“可是,现在也找不到丢钱的人,我们应该怎么办

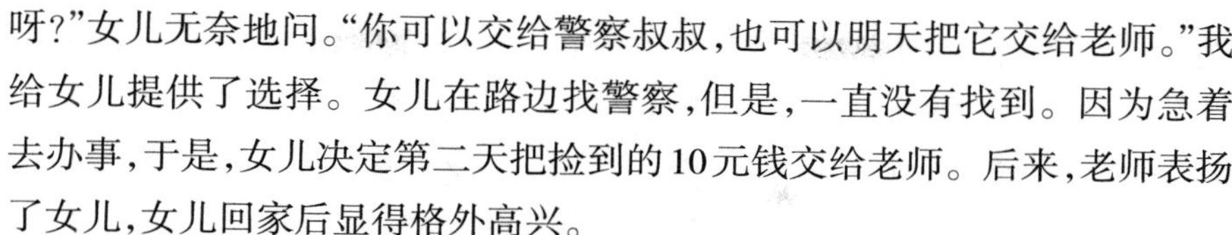

呀?"女儿无奈地问。"你可以交给警察叔叔,也可以明天把它交给老师。"我给女儿提供了选择。女儿在路边找警察,但是,一直没有找到。因为急着去办事,于是,女儿决定第二天把捡到的10元钱交给老师。后来,老师表扬了女儿,女儿回家后显得格外高兴。

为人父母者,必须严格对待自己,尤其是在对待钱的问题上,一定要给孩子树立一个光明磊落的榜样,引导孩子正确对待金钱。同时,父母应该让孩子明白人的尊严是高于金钱的,金钱需要通过劳动去获得,如果为金钱而失去做人的尊严,那是不值得的。

亲子小游戏——你捡到我的钱了吗

材料:准备一些零钱。

游戏目的:培养孩子拾金不昧的良好品质。

活动内容:

1. 父母可以故意趁孩子不注意的时候,掉一些零钱出来,然后假装不知道去做其他事。

2. 过一会儿,父母可以问问孩子:"我掉了一些钱,你有没有看到呀?"

3. 如果明明是孩子捡了,但是却说没有看到,父母一定要引起重视,对孩子进行教育。

4. 告诉孩子,每个丢了钱的人都会很着急,如果自己丢了钱,别人捡到了却不归还,那你会怎么想?让孩子从他人的角度出发去思考问题,从而培养起孩子拾金不昧的良好品格。

亲子小故事——两名小学生和1万元钱

2005年2月2日下午,小越镇家庭工业区私企业主陈叔叔捧了一面锦旗来到百官镇中心小学校长办公室表示感谢,锦旗上写着"素质教育见真效,拾金不昧风格高"。

这是怎么回事呢?

原来,陈叔叔是来感谢百官镇中心小学两名女学生的。

2005年1月30日下午,陈叔叔骑着摩托车从小越镇到市区办事,他先

到经济开发区农行取出1万元，顺手塞进了皮包里，然后，他把皮包放进了摩托车车篮里。谁知，陈叔叔在匆忙当中竟然忘了拉上皮包拉链！

下午2时半左右，陈叔叔骑摩托车到金鱼湾小区，他把摩托车停在了人行道边上，然后从摩托车车篮里拎出皮包就走。他不知道，经过一路颠簸，1万元人民币已滑落在车篮里！

陈叔叔刚走开，就过来两个女孩郑佳萍和柯甘润，她们一眼就看到了摩托车车篮里有一叠厚厚的百元大钞。

这可是一笔不小的数目，两个女孩第一个念头就是：这钱不能放在车篮里！

于是，俩女孩拿起这叠钱，来到附近的物业管理岗亭，把钱交给了保安叔叔。保安叔叔登记了金额数量和这两位同学的姓名和学校，表示一定要设法转交失主。

从岗亭出来后，郑佳萍和柯甘润想：万一失主来骑摩托车时岗亭保安没有发现怎么办！万一失主不知道钱失落在这里怎么办？万一失主正等钱急用怎么办？

两人想到这里，就决定在摩托车边等失主来。这一等可等了两个多小时。附近的人们看到两个女孩一直站在摩托车旁，就来询问出了什么事。两个女孩就把事情告诉了每一个向她们询问的人。

4时55分，陈叔叔办完事终于回来了。围观的人们帮两个女孩询问陈叔叔是否丢了钱，有没有证据证明。陈叔叔拿出了银行的取款凭证，于是，保安叔叔把1万元钱还给了陈叔叔。

为了感谢两位女孩拾金不昧的品质，陈叔叔就给学校制作了一面锦旗，并把锦旗交到了学校校长室，向校长亲口讲述了两名学生和1万元钱的故事。就这样，郑佳萍和柯甘润的事情才被学校和同学们知道。

问孩子的问题

1. 两个女孩为什么觉得一叠钱不能放在摩托车的车篮里？

2. 她们把钱交给保安叔叔后，为什么还要在摩托车旁边等候失主？

3. 两个女孩为什么不把钱占为己有呢？

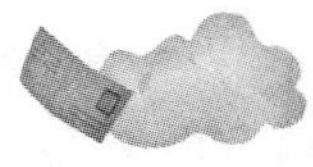

4. 如果你捡到了这么多钱，你会怎么办？

参考答案

1. 因为钱放在摩托车的车篮里可能会被别人拿走。

2. 她们怕失主来骑摩托车时有可能岗亭保安没有发现；或者失主没有发现自己的钱失落在这里。因此，她们想等在摩托车旁边，等失主来骑摩托车的时候赶紧告诉他这个消息。

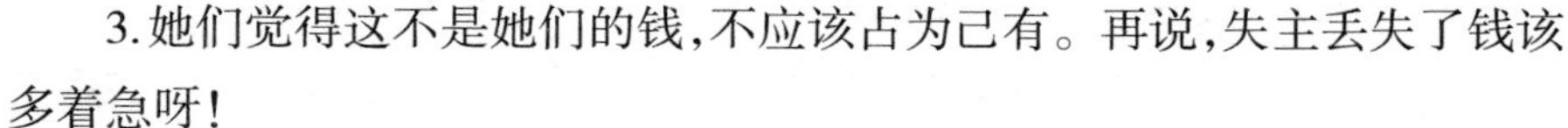

3. 她们觉得这不是她们的钱，不应该占为己有。再说，失主丢失了钱该多着急呀！

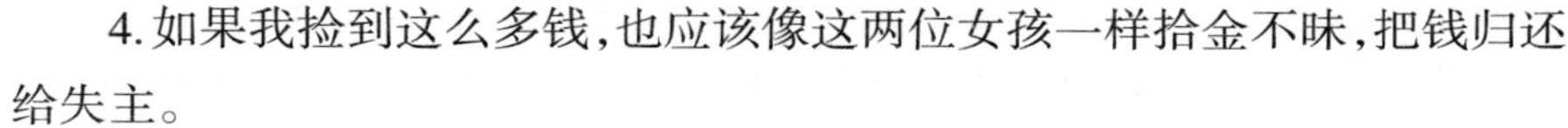

4. 如果我捡到这么多钱，也应该像这两位女孩一样拾金不昧，把钱归还给失主。

第22堂课　学会关心他人

本课要点：

让孩子明白生活中最重要的并不是金钱，而是人与人之间的关爱。每一个人都应该去关爱身边的其他人，尤其是要关爱父母。

最近，在网络论坛上流行一个热帖，题目叫"犹太人的家庭教育，或许能给我们一些启示"，这个帖子讲述了一名中国单亲妈妈和她的三个孩子在以色列的故事。

在以色列，虽然这位中国单亲妈妈的生活非常艰苦，但是，她一直奉行着"再苦不能苦孩子"的原则。每天，她总是先把孩子们送到学校去读书，然后开始摆摊卖春卷。到下午放学的时候，孩子们都来妈妈的春卷摊，妈妈则停止营业，在小炉子上给孩子们做馄饨、下面条。就这样，这位中国单亲妈妈日复一日地为孩子们付出着，牺牲着。

直到有一天，一位以色列的邻居过来训斥三个孩子当中的老大："你已经是大孩子了，你应该学会去帮助你的母亲，而不是在这里看着你母亲忙碌，自己就像废物一样！"然后，这位邻居转过头训斥中国单亲妈妈："不要把那种落后的中国式教育带到以色列来，别以为生了孩子你就是母亲……"

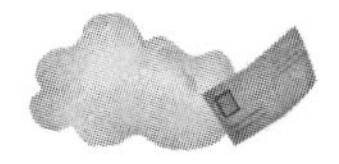

从此,孩子们从最简单的卖春卷开始,走上了经商之路。这位中国单亲妈妈惊奇地发现,原先只会黏着妈妈撒娇的孩子一下子就变成了精明的小犹太商人。

一年后,老大靠售卖中国文具,已经赚到了超过2000谢克尔(折合人民币4000多元);老二仅14岁就凭借其文学才华在报纸上开设了自己的专栏,专门介绍上海的风土人情,每周交稿2篇,每篇1000字,每月80谢克尔;老三是女孩子,她学会了煮茶和做点心,两个哥哥都很喜欢,不过,这些点心不是免费的,两个哥哥需要支付点心费用。就这样,三个孩子不仅学会了怎样去赚钱,而且学会了关心妈妈,努力赚钱减轻妈妈的负担。

关心他人是孩子走上社会所必需的一项品质,不懂得关心他人的人,在社交中将会碰到很多困难。其实,孩子并不是天生就缺乏爱心,而是许多父母平时宠坏了孩子。因此,孩子有没有爱心,会不会孝敬父母,关键在于家长的引导和培养。怎样引导孩子关心他人呢?

第一,父母不要太溺爱孩子。

盛盛已经上二年级了,但是,他从来不知道关心父母。每次放学回家以后就什么都不管,不是看电视就是出去玩;父母还没有下班也不会帮忙做些事情,每次吃饭还要父母到处找人;等吃完饭,父母在那里忙着收拾碗筷,盛盛又一溜烟不见了;平时家里有什么好吃的,父母总是先让盛盛吃,盛盛也毫不客气,从来不知道为父母留一些;盛盛生病时,父母总是忙前忙后地照顾他,遇到父母身体不适,盛盛却不懂问候,还叫父母给他做好吃的。

溺爱孩子是现代家长的通病,不少孩子从小就是家中的小太阳,父母和其他家庭成员都围着孩子转,孩子就形成了以自我为中心的坏习惯,根本就想不到要关心父母。因此,父母不能对孩子太过溺爱,应该建立民主平等的家庭关系。而且,父母应该建立一定的权威,让孩子知道父母是家庭的支柱,孩子应该尊敬和关心父母。

第二,让孩子了解一些生活的真实情况。许多父母认为,孩子的任务是学习,不能过早地承受生活重担,这其实是错误的。如果父母片面地认为孩子的任务只是学习,而不用了解家庭生活的一些真实状况,那么很容

易让孩子滋生出自私、冷漠等缺乏爱心的品质。

要让孩子关心父母，父母就应该让孩子了解父母工作的不易和生活的艰辛，让孩子理解父母的喜怒哀乐，为父母分忧解愁。父母不要刻意地去掩盖生活艰辛的一面，不用刻意在孩子面前维持快乐的假象，应该让孩子学着承担一些父母生活中的喜怒哀乐。例如，当父母辛劳了一天，有些孩子就会帮助父母做一些力所能及的家务活，这时候父母不应该呵斥孩子“别在这里捣乱，赶紧去做功课，好好学习就是帮妈妈最大的忙”，这样会使孩子在父母的给予中渐渐失去了爱心。聪明的父母在这时会运用生活的艰难来培养孩子的爱心，激励孩子的上进心。其实，哪怕只是让孩子了解一些生活的不容易，也能让孩子懂得应该珍惜现在的生活，应该关心周围的人。

第三，让孩子从小事上关心父母。父母应该教育孩子尊敬父母，关心父母的健康，分担父母的忧愁。这需要父母在平时就训练孩子从小事做起，如，父母应该要求孩子每天问候下班回家的父母；当父母回来晚了或者比较劳累的时候，孩子应该主动问候父母，让父母休息，并且帮助父母做一些力所能及的事情等。当父母生病时，孩子应该主动询问，宽慰父母。通过不断的训练，让孩子明白，父母养育了自己，自己应该关心父母，帮父母做一些事情。这样，孩子就会养成关心父母的好习惯。

第四，教育孩子心中有他人。让孩子懂得想要得到他人的关心，首先要做到心中有他人，能够关心他人。这个过程是个长期的过程，父母要经常教育孩子尊敬、关心身边其他的人，比如老师、亲戚、朋友等。

亲子小游戏——我给妈妈的“三个一”

材料：纸、笔等。

游戏目的：让孩子学会用实际行动去关心他人，并感受关心他人的快乐心情。

活动内容：

选择孩子生日那天，让爸爸出面请孩子给妈妈做三件事情，以表示自己对妈妈的关心，回报妈妈的生育和养育之恩。

1.第一件事情：让孩子给妈妈制作一张卡片，并在卡片上写上自己感谢妈妈的话。

2.第二件事情：让孩子帮妈妈做一件家务活，诸如做饭、拖地、洗碗。

3.第三件事情：让孩子为妈妈洗一次脚。

4.最后，让孩子记录做完事情后的感想。

亲子小故事——哥哥的心愿

圣诞节的时候，保罗的哥哥送给他一辆新车。保罗开着新车去上班。

当保罗离开办公室，来到停车场时，一个男孩正绕着那辆闪闪发亮的新车，十分赞叹地问："先生，这是你的车？"

保罗点了点头，说："这是我哥哥送给我的圣诞节礼物。"

男孩满脸惊讶，支支吾吾地说："你是说这是你哥哥送的礼物，没花你半毛钱？我也好希望能……"

保罗想，男孩肯定希望能有个送他车子的哥哥，但是，男孩后面的话却让保罗十分震惊。

"我也好希望能送这样的车子给我的弟弟。"男孩继续说。

保罗惊愕地看着那男孩，过了一会儿，保罗热情地邀请男孩："你要不要坐我的车去兜风？"

男孩兴高采烈地坐上车，绕了一小段路之后，男孩恳求地说："先生，你能不能把车子开到我家门前？"

保罗微笑，他心想那男孩肯定是想向邻居炫耀一下自己坐着一部漂亮的大车。但是，保罗这次又猜错了。

"你能不能把车子停在那两级阶梯前？"男孩要求。

等保罗把车停好后，男孩跑上了阶梯。过了一会儿，保罗听到他回来的声音，但动作似乎有些缓慢。

接着，男孩出来了，还搀着一个跛脚的小男孩。

男孩把小男孩安置在台阶上，紧紧地抱着他，指着那辆新车，说："你看，这就是我刚才在楼上告诉你的那辆新车。这是保罗他哥哥送给他的哦！将来我也会送给你一辆像这样的车，到那时候你便能去看看那些挂在

窗口的圣诞节漂亮饰品了。”

保罗深深地被男孩的神情感动了。他走下车子，将跛脚的小男孩抱到车子的前座。接着，男孩也坐到了弟弟的旁边，就这样，三人开始了一次令人难忘的假日兜风。

问孩子的问题

1.男孩为什么会对保罗的新车很感兴趣？

2.保罗为什么会被男孩的言行感动？

3.当有人送你一辆车子时，你是不是会感到很高兴？你有没有想过要给别人送些什么礼物？

4.你觉得男孩能不能送自己的弟弟一辆漂亮的车子？

参考答案

1.因为他想自己要是能送弟弟一辆车，让跛脚的弟弟坐着车去看那些挂在窗口的圣诞节漂亮饰品就好了。

2.保罗本以为男孩只想坐坐他的车子，并向邻居炫耀一下自己坐着一部漂亮的大车，但是实际上，这位男孩却一心想着跛脚的弟弟，希望凭借自己的努力也能送这样一辆车给弟弟。

3.是的。我觉得我也应该给别人送些礼物，因为关心是互相的。

4.如果男孩用自己的双手去努力，我相信他肯定能够送一辆漂亮的车子给自己的弟弟的。

第23堂课　生命比金钱更重要

本课要点：

让孩子明白生命与健康比金钱更重要，一个人不应该为了金钱而忽视自己的生命与健康。许多成年人总是为金钱而忙碌，渐渐地，很多人为金钱而失去了健康。根据世界卫生组织的一项全球性调查结果表明：全世界真正健康的人仅占5%，75%的人处于亚健康状态，20%的人为病人。这是一个可怕的数据。当成年人整天为金钱而忙碌的时候，无意之中也向孩子传递了这样一个错误信息：金钱、健康、生命都很重要，有时候，金钱甚至比

健康和生命更重要。

一旦孩子形成这样一种认识，那么，孩子就会变得唯利是图，不关心父母。当父母劳累一天回来后，孩子根本不会有体谅父母的行为。更可怕的是，孩子的人格会变得畸形，这将严重影响孩子成年后的生活。

那么，父母应该怎么做才能让孩子明白生命与健康比金钱更重要呢？

第一，父母要注重自身的健康。事实上，金钱与健康、生命确实都很重要，但是，我们不能把金钱置于健康和生命之上。没有金钱，生活确实会很艰苦，但是，没有健康和生命，生活就会变得没有意义。因此，作为父母，在日常生活中不仅要努力工作，给孩子树立一个勤奋的榜样，更要注重自己的健康，珍惜自己的生命，让孩子懂得尊重生命，珍惜健康。

第二，告诫孩子重视身体健康。如今，有这样一句广告语："请人吃饭不如请人流汗！"这也反映了现代人观念的转变，即明白了当健康与生命无法保障的时候，就算有再多的钱也是没有用的。因此，父母不仅在工作中要劳逸结合，而且要经常告诫孩子，让孩子明白，只有拥有健康的身体才能够去获取财富，才能够去享受财富，也才能使我们的生命更加丰富多彩。

第三，重视孩子的身体健康。如今的孩子不缺吃不缺用，缺少的往往是健康的体魄。大部分的父母对孩子都非常疼爱，许多孩子因为娇生惯养，吃得过于精细，缺少必要的户外运动，因此成为玻璃娃娃，一碰就倒，经常生病。这样，孩子自己受苦，父母也跟着操心。父母们应该知道娇生惯养并不能带给孩子健康。

一要注意食补。

现在的孩子体质差、营养不良，并不是吃得不好，恰恰是吃得太精太细了。因此，父母在孩子的日常饮食中应该添加一定的粗粮，诸如大豆、玉米、小米、红豆、红薯等；多让孩子吃一些富含粗纤维的蔬菜，诸如大白菜、胡萝卜、土豆等。另外，父母要让

孩子多喝水,但不要经常让孩子喝果汁、碳酸饮料。

二要多让孩子参加户外活动。

父母要多带孩子外出参加户外活动,诸如郊游、爬山、打球、游泳、跳绳等。当孩子全身心放松后,孩子的体能就会得到锻炼。值得注意的是,户外活动后要让孩子补充水分,给孩子喝一些温开水,同时要注意保暖。相信孩子在日常生活中会渐渐感悟到,健康的体魄是多么重要。

亲子小游戏——生命的价值

材料:带孩子去孤儿院和敬老院参加义务劳动。

游戏目的:让孩子理解生命和幸福的意义,培养孩子尊重他人的情感。

活动内容:

1.让孩子与孤寡老人和孤儿进行面对面的交流,了解他们的生活和对生活的积极态度,并培养孩子生活的热情。

2.写一下自己的感受,让孩子了解到自己的幸福生活是多么的来之不易。

3.让孩子总结一下对生命的理解,让他知道生命比金钱更重要。

亲子小故事——要钱不要命

从前,有个人外出做生意,经过几年的辛苦工作,挣了好多钱。他的家乡是个多河的地方,每个人都非常擅长游泳。这一天,这个生意人带着一包钱回家看望家人。一路上,他和其他几个家乡人说说笑笑,非常开心。后来,他们一起搭上了一条小船要到江的对面去。船摇到江中央的时候,麻烦的事情发生了。原来,前几天一连下了好几天的大雨,江水猛涨。这时,江面又起了风,小船摇摇摆摆的,非常不稳。忽然,一阵大风刮来,小船似乎要被刮翻了,幸好船上的人都擅长游泳,大家都作好要跳下水的准备。又过了一会儿,一个浪头打过来,将船尾打了个洞,小船一下子进了很多水,眼看着船马上就要沉没了。于是,大家纷纷跳下水,向对岸游去。

那个生意人也跟大家一起跳下了水,奇怪的是,大家都游得很快,只有他被落在了后面,尽管他拼命游,但是却越来越游不动。同伴问他:“你不

是一向游得挺快的，今天怎么游不动了呢?”那人气喘吁吁地说：“我下水之前，把包袱中的1000枚大钱缠在了腰间，所以游起来很吃力。”又过了一会儿，大家快游到对岸了。而那个生意人却还在江心游动，他越来越吃力，双手拼命划，却一直游不动。同伴非常着急，向他喊道：“赶紧把钱扔掉吧！快点游过来！”但是，那个生意人只是拼命地摇头。后来，其他人都已经上岸了，大家都对着他喊：“赶紧把钱扔掉吧！保命要紧！”但是，那个生意人还是一个劲地摇头，怎么也不肯丢掉自己辛苦挣来的钱。最后，筋疲力尽的他终于慢慢沉了下去。

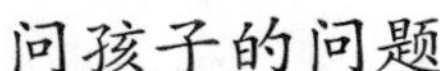

问孩子的问题

1.那个生意人为什么会淹死?

2.你觉得金钱重要还是生命重要?

3.在生死攸关的时候，你愿意舍弃金钱吗?

4.如果一味地追求金钱，会有什么后果?

参考答案

1.因为他太在乎金钱了，在生死关头，竟然还只顾金钱不顾生命。

2.当然是生命更重要。身体是革命的本钱，只有拥有生命和健康，才有可能去赚更多的钱。

3.愿意，只要能留住性命，才有重新赚钱的机会。

4.一味地追求金钱，最终只能失去自己的健康甚至生命。

第24堂课　比钱更重要的，还有感情

本课要点：

让孩子明白父母和孩子之间最重要的是感情，父母不给孩子过多的金钱，并不代表不爱孩子，恰恰是希望孩子自力更生，用自己的双手去成就辉煌的人生。

在家庭中，父母一定不要把金钱放在首位，这样不仅会伤害父母与孩子之间的感情，而且，会让孩子形成金钱至上的不良观念。实际上，感情是金钱无法比拟的。

约瑟夫·雅各布斯是一位白手起家的美国建筑业巨头。1971年的一个傍晚，约瑟夫·雅各布斯和妻子在加州帕萨迪纳的家中与三个女儿对自己的巨额财产如何处理的问题进行了一次严肃的谈话。“因为我非常爱你们，”约瑟夫·雅各布斯慈爱地说，“所以我决定不留很多钱给你们。”然后，他给女儿们讲了很多人生的道理，谆谆教诲她们要学会自立，自己去创立人生和财富。在得到女儿们的赞同后，他签字把自己的大部分财产在死后捐献给慈善事业，每个女儿只得到100万元——这只是他巨额财产中很少的一部分。

什么是爱孩子，每一个父母都有不同的体会，但是，有一点是明确的，溺爱不是真正伟大的爱。在中国，由于大多数家庭是独生子女，父母对孩子的爱是不用细说了，但是，许多父母给孩子的爱都仅仅局限于表面。比如，怕孩子吃苦、怕孩子受累、怕孩子被人看不起等，这些事情本来应该让孩子通过自己的能力去解决，这样有利于让孩子学会做人的道理，但是，父母往往用金钱来解决问题；以为给孩子钱，孩子就不用吃苦受累，就不会被人看不起了。殊不知，孩子在金钱面前逐渐地失去了能力，失去了品格，这样的爱能说是伟大的吗？真正的爱应该是注重培养孩子的能力和品格，让孩子能堂堂正正地做人。

约瑟夫·雅各布斯事后是这样解释自己的行为的：“父母如果溺爱孩子，这可能是他一生中最糟糕的事情。”其实，约瑟夫·雅各布斯认为应该让孩子对金钱有一种正确的观念，如果孩子坐拥巨额家产，不用劳动也能满足他们的各种贪婪的享受，那么这无疑是把孩子推向了堕落的深渊。孩子由于体会不到挣钱的辛苦，他会无法控制自己的贪婪，从而做了金钱的奴隶，一旦这样的孩子没有了钱，他就有可能受人控制，滑向

堕落的深渊。

在这方面，富翁都有相似的看法。微软董事长比尔·盖茨是世界首富，他与妻子都十分疼爱自己的孩子，但是在满足孩子们的一些要求上，他们绝对是一对吝啬鬼。盖茨从不会给孩子们一笔很可观的钱，当小儿子罗瑞还不会花钱，但女儿珍妮佛已经可以拿着一些零用钱买自己喜欢的东西时，罗瑞总是抱怨父母不给自己买他最想要的玩具车。盖茨却认为，再富也不能富孩子。

索尼公司创始人盛田昭夫刚懂事时，其父亲就告诉他："你是家中的长子，是未来的米酒商。"盛田昭夫从小就被当做家产继承人来培养，渐渐地变得精明能干，做生意精打细算，后来终成大器。

美国著名的富翁洛克菲勒家有个家规：孩子长到18岁后，经济上就要独立，家里不再为他的生活提供经济上的帮助。老洛克菲勒的孙子哈里在上美国哈佛大学的时候，就经常到曼哈顿码头上去开吊车以获得自己的生活费和学费。

这些富翁的做法都只有一个目的，那就是让自己的孩子能成长为一个有经济责任心的人。

的确，在钞票中长大的孩子，他们的养尊处优终将会让他们一事无成。所以盖茨夫妻二人宁愿将这些钱捐给最需要它们的人，也不随意交给孩子挥霍。盖茨甚至公开表示过："我不会将自己的所有财产留给自己的继承人，因为这样对他们没有一点好处。"

日常生活中怎样来弱化金钱的作用呢？

一是当孩子取得好成绩或者有了好的行为时，尽量不要用金钱及物质来奖励孩子，应选择用拥抱、微笑、赞美等精神性的奖赏来激励孩子。许多父母都会用金钱来奖励孩子，但是，父母应该认识到金钱奖励的危害。虽然金钱能够刺激孩子的某种行为，但是也强化了孩子的金钱意识，让孩子形成金钱至上的不良思想。因此，父母要小心使用金钱奖励，不能因为自己高兴或者多发了钱，而慷慨大方地给孩子金钱；也不能因为孩子取得了好成绩而奖励过多的金钱。如果已经奖励了，也应该指导孩子合理使用，

千万不能让孩子在得到钱后任意胡花。

事实上，许多孩子刚开始时并不想得到金钱和物质奖赏，他们更需要的是父母的赏识和关爱。如果父母不懂得这一点，一味地用金钱做奖赏，往往会使孩子对自身价值的认识和感受与金钱联系起来，久而久之，孩子的情感世界就会淡漠。而当父母学会用赏识和关爱来奖赏孩子时，孩子则会感觉到他们做得很好，受到了父母的关注，而不会单纯地考虑自己的行为值多少钱。

二是当父母没有时间照顾孩子的时候，千万不要用金钱和物质来弥补孩子的损失。许多忙碌的父母，因为没有时间陪伴孩子，往往会产生负疚的心理。在这种心理的作用下，父母们往往会用金钱和物质来弥补自己对孩子的愧疚。比如，有些父母喜欢给孩子大笔的零花钱，有些父母则给孩子买好吃的、好玩的等等。这时候，父母们会觉得内疚心理减轻了。实际上，孩子真正需要的是你的时间，并不是你的金钱。因此，孩子对父母的缺席并没有忘记，他们的内心还是觉得很委屈，有些孩子在长大后甚至会觉得父母用金钱来换取自己的心安是一种不负责任的表现。

明智的父母应该明白，给孩子最好的礼物并不是金钱和物质，而是你的时间和关爱。因此，不管父母多忙碌，一定要多抽出时间陪伴孩子，与孩子一起做游戏，陪孩子一起外出做户外活动，与孩子一起分享他的兴趣和爱好，经常安排全家一起出游等。父母的这些行为可以告诉孩子，金钱并不是最重要的，人与人之间的情感是最重要的。

亲子小游戏——我的亲人们

材料：纸、笔等。

游戏目的：加深孩子与亲人之间的感情，培养孩子热爱他人的情感。

活动内容：

1. 让孩子用一段话描述爸爸、爷爷及姥爷（也可用孩子比较亲近的其他男性亲人代替），并把三段话分别念给爸爸、妈妈听，请爸爸、妈妈猜一猜描述的是谁。

2. 让孩子用一段话描述妈妈、奶奶及姥姥（也可用孩子比较亲近的其他

女性亲人代替)，并把三段话分别念给爸爸、妈妈听，请爸爸、妈妈猜一猜描述的是谁。

3.让孩子总结一下这些亲人带给自己的快乐及幸福。

4.父母与孩子一起总结一下每一位亲人对自己的意义。

亲子小故事——5美元的故事

美国海关正在拍卖一批被没收的自行车。

拍卖会上，每次叫价的时候，总有一个10岁出头的男孩喊价，但奇怪的是，他总是喊“5美元”，之后他就不喊了。当然，这些自行车被别人用30美元、40美元买去。

拍卖员注意到了这个可爱的小男孩，就问他为什么不出较高的价格来买。男孩说：“我只有5美元。”

人们也都注意到了这个总是出价5美元却拍不到自行车的男孩。拍卖会继续进行着，最后，只剩下一辆最棒的自行车了。这辆自行车车身光亮如新，有10段杆式变速器、双手刹车、速度显示器和一套夜间电动类光装置。

几乎绝望的小男孩还是叫道：“5美元！”

这时，所有在场的人们都微笑地看着小男孩，没有人再举手，也没有人再出价。直到拍卖员唱价3次后，还是没人出价。就这样，拍卖员大声地宣布：“这辆自行车卖给这位穿短裤白球鞋的小伙子！”

这时，全场响起了雷鸣一样的鼓掌声，小男孩脸上露出了灿烂的笑容。

问孩子的问题

1.小男孩为什么总是拍不到自行车？

2.当最后一辆自行车拍卖时，其他人为什么不出价？

3.你觉得人与人之间只有金钱关系吗？

参考答案

1.因为他只有5美元，根本不够买一辆自行车。

2.人们想把这辆车让给这位小男孩。

3.不是，比金钱更重要的还有感情，因此我们要关心他人。

第三篇　青少年篇

少年时期的孩子自立意识加强，生活自理能力较强，他们对金钱有了更深入的了解，也需要更多的金钱来满足自己的一些需求。因此，父母应该允许孩子自己去处理一些关于金钱的问题，注重培养孩子的理财技巧和理财能力，让孩子学会一些简单的理财方法和技能，也可以在日常生活中有意识地让孩子进行一些简单的理财。

本阶段学习要点：

◆物品的真正价值不在于外表
◆不羡慕他人的生活方式
◆不管是否拥有财富，都应该视自己为平常人
◆把钱花在获取知识等有价值的事情上
◆要有成功的意识和不断努力的决心
◆即使成为富翁也需要不断劳动
◆时间比金钱更重要
◆苦难有时是一种精神财富
◆工作没有贵贱，挣钱是光荣的
◆没有最好的，只有最合适的
◆要珍惜目前拥有的一切
◆财富需要不断投资才能增值
◆贷款是投资的一种策略
◆了解保险的基本知识
◆广告往往是过分夸张的
◆收藏也是投资的一种
◆人的尊严比金钱更重要
◆幸福并不仅仅来自于金钱

第25堂课　杜绝孩子的虚荣心

本课要点：

让孩子明白虚荣的副作用，避免孩子产生虚荣心理。虚荣心是一种表面上追求荣耀的自我意识，是一种不切实际的东西，有虚荣心的人总想凌驾于他人之上，并在虚荣心的驱使下逐渐迷失自己。据有关调查表明，许多孩子都有虚荣心，尤其是独生女子，在被调查的孩子中有20%的孩子存在着较强的虚荣心。

小锋出生在一个经济条件十分优越的家庭。小锋的爸爸是机关的干部，妈妈自己做些小生意，收入颇丰，家里装修得十分豪华。父母对小锋的宠爱自然不用说了，只要孩子要什么，父母总是二话不说就满足孩子，可以说，小锋的要求从来没有被拒绝过。在同学眼中，小锋是个很有“派头”的人。进入中学后，班上有位同学的家境比小锋的家境还好，穿戴都是名牌，小锋的心理失衡了，于是也要求父母给他买名牌的东西，父母一开始也满足他的要求，可后来越来越觉得不能这样对待孩子了，孩子的虚荣心太强了。

孩子虚荣心形成的原因主要来自家庭。由于现代家庭的孩子少，父母总怕孩子受委屈，于是对孩子总是有求必应。自己孩子穿的、戴的都不能比别人差，别人的孩子买什么，咱家的孩子也得买，决不能让人家比下去。于是，在家长无意识的纵容下，孩子的欲望无限地膨胀。

有虚荣心的孩子经常会出现各种问题，如为了满足虚荣心而经常说谎、攀比、情绪不稳定、学习不努力等，这些行为会导致孩子出现一些心理问题，如嫉妒、自卑、好斗等，严重影响着孩子的身心发展。父母应想办法纠正孩子的虚荣心。

第一，要给孩子讲道理。孩子有虚荣心时，父母不要采取打骂的方法，这样反而会刺激孩子的欲望。最好的办法是给孩子讲道理，让孩子明白，与别人攀比、拥有名牌并不意味着拥有了较高的社会地位，身份和地位只有靠自己的努力才能获得。父母要教育孩子不要过分重视外在的东西，而要重视自身素质的提高，通过自己的不断努力，用实力来赢得别人的尊重和信任，取得身份和地位。当然，讲道理需要动之以情，晓之以理，给孩子讲一些正面的故事，不要光讲大道理，以免引起孩子的反感。

第二，父母要以身作则。在日常生活中，父母要以身作则，成为孩子的榜样。首先，父母要端正自己的心态，不能有这种想法："我的孩子不能比别的孩子差。别的孩子有的我的孩子也应该有；别的孩子没有的，我的孩子也要有。"如果连家长都有这种虚荣心，那么，孩子必定也具有虚荣心。其次，家长不要同别人攀比，不要盲目地追求物质享受；也不要在孩子面前谈论有钱人的物质生活，表现出向往之情；更不要习惯性地给孩子购买各种东西，刺激孩子的物质欲望，这些都会使孩子的虚荣心不断膨胀。在生活当中，不要过分讲究豪华、奢侈，而要做好理财工作，让孩子知道钱来得不容易，应该好好珍惜。

第三，不要溺爱孩子。许多父母从爱孩子的角度出发，喜欢夸奖孩子的优点，忽视孩子的缺点，这样会让孩子觉得自己是十全十美的，无法再容忍别人比自己强的事实。一旦别人超过自己，由于虚荣心作怪，孩子会出现攀比心理，因此父母对孩子不要过分溺爱。

平时，父母对孩子的那些符合道德规范的行为应该给予表扬，但是，表扬不仅应该讲究方法，而且应该适度。经常性的表扬会让孩子觉得自己是完美的，并不时地要求父母给予表扬，久而久之就使孩子养成虚荣的心理。

不溺爱孩子就要求父母正确看待孩子的行为，对孩子不过分保护；让孩子做一些力所能及的事情，锻炼孩子的能力；对于孩子的缺点，应该及时指出，并且帮助孩子分析原因，鼓励孩子克服缺点。千万不能让孩子养尊处优，养成虚荣的心理。

第四，合理控制孩子的消费。在金钱的使用上，父母要有效控制孩子

的消费项目,对于孩子不需要的东西,尽量不要满足孩子,并教育孩子根据自己的需要购买东西,不要同别人攀比而购买自己不需要的东西。父母在奖励孩子时,最好也奖励一些有意义的东西,比如书籍、学习用品或者是孩子必需的东西,千万不要给孩子买一些不必要又花很多钱的东西。一旦孩子经常性地被物质所刺激,孩子的欲望就会越来越膨胀。

第五,教给孩子正确的比较观。父母应该引导孩子多从社会价值的角度去跟他人比较,而不是从物质、个人荣耀等角度去比较。例如,告诉孩子可以比较学业成绩、对班级贡献的大小等,而不是比吃、比穿、比用、比玩。

第六,让孩子多劳动。劳动可以让孩子体会到父母的艰辛和赚钱的不易。在生活中,父母可以为孩子创造一些劳动的机会,让孩子通过自己的劳动来获取所要的东西。比如,父母可以让孩子分担一些家务,对孩子的劳动表示肯定,并给予一定的报酬,让孩子体会到劳动的艰辛,体会到一分劳动一分收获的道理。父母也可以让孩子适度参与大人的工作,让孩子体会到在社会上工作的不容易。相信孩子在劳动的磨炼下,会体会到人生的价值,对消除孩子的虚荣心大有好处。

亲子小游戏——新学年新气象

游戏目的:让孩子学会务实,摒弃虚荣。

活动内容:

1. 新学年给孩子购买新衣服时,不要追求新、奇、艳、贵,而要讲究朴素、大方、耐穿、价廉物美。

2. 给孩子购买文具时,不要追求新奇和好玩,而要追求实用和耐用。

亲子小故事——佳佳和田田

很久以前,有一只叫田田的田鼠和一只叫佳佳的家鼠。田田住在田野里,佳佳则住在城市的一户人家里。

有一天,田田邀请佳佳来做客。佳佳精心打扮一番后就上路了。来到田田居住的田野,佳佳傻眼了:“这是什么鬼地方,商店、马车什么也没有,只有间破旧的小屋子。”田田很高兴佳佳来自己家里做客,就端出精心准备好的豌豆、大豆、玉米、大麦、奶酪等招待佳佳。“赶紧吃吧!”田田热情地招

待佳佳。佳佳看着这些“山珍野味”，感觉无法下口，她对田田说：“这就是你平常吃的食物吗？这样的食物怎么吃呀？下次你来城里找我吧，我请你吃好吃的！”佳佳什么也没吃就离开了田田的家。田田觉得非常过意不去。几天后，她决定到佳佳家去看看。

来到繁华的城市，田田觉得有些无法适应，在喧闹、拥挤的街道上寻找了半天，田田终于来到了佳佳的家。佳佳为田田准备了许多精美的食物，有奶油蛋糕、红烧肉、清蒸鱼，还有葡萄酒呢！饥肠辘辘的田田坐上宽大的餐桌，正准备饱餐一顿。突然，一只扫帚打了过来：“该死的老鼠，我打死你！”田田还没反应过来，就被佳佳拉着从墙角的一个洞口飞快地逃了出来。佳佳不好意思地对田田说：“没关系，我再带你到另一家去享受美餐吧！”被吓得心惊胆战的田田摇了摇头，说：“不用了，我不想在吃饭的时候这样提心吊胆的，还不如在乡间吃玉米棒子呢！我觉得我还是回乡下生活比较快乐！”

于是，田田高高兴兴地回到了乡间。从此，她觉得自己非常幸福。

问孩子的问题

1.你觉得田田的生活方式怎样？

2.你觉得佳佳的生活方式好吗？

3.你更喜欢谁的生活方式？

4.你认为什么样的生活方式才是适合自己的呢？

参考答案

1.我觉得田田的物质生活尽管简单，但是非常自由和安心。

2.我觉得佳佳的物质生活尽管非常充裕，但是总生活在提心吊胆当中。

3.我更喜欢田田的生活方式，因为可以快乐地享受美味。

4.不管是怎样的生活，我们都不用羡慕他人的生活，因为每一种生活方式都有优势也有不足。我的目标是努力通过自己的劳动去过上更幸福的生活，而不是抱怨生活、抱怨人生。

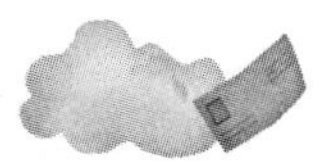

第26堂课　教孩子合理利用旧货

本课要点：

让孩子明白物品的价值并不在于新与旧，只要合理利用，旧的物品同样具有很高的价值。

现在的父母都不太愿意让孩子使用旧东西，认为只有一个孩子，什么东西都应该让孩子使用新的。孩子还没出生，就给孩子购买了许多崭新而昂贵的衣物；孩子出生后，衣服、玩具、食物更是一应俱全；孩子上学后，学习用品都要是最新最好的。孩子很容易从父母那儿学到“不要的东西就丢掉”的做法。其实，如果我们花点心思，就会发现废物其实还有很多用途。例如，汽水空罐子可以用来种花、养蝌蚪；旧报纸可折叠成玩具等。家长如果能够训练孩子动脑筋“化腐朽为神奇”，不仅能培养孩子爱惜东西、充分利用东西的习惯，同时还有助于创作、思考能力的发展。美国人常将自己不需要的东西拿出来拍卖，小孩自己用不着的玩具等也可以摆在家门口出售。

实际上，物品的价值在于其使用价值，根本不用在意其新旧。比如，年幼的孩子长得快，孩子的衣服并不需要每件都是新的，有时候，亲戚朋友家孩子穿过的旧衣服也可以拿来穿。孩子玩玩具往往只是图一时新鲜，没有必要全部去购买，父母可以想办法用一些废物制作一些玩具，也可以让孩子用自己的旧玩具去换其他孩子的旧玩具，这样同样可以让孩子获得玩耍的机会。

另外，父母还可以鼓励孩子把旧的衣服、玩具、图书等物品捐献给贫困地区的孩子，这也是对旧货的一种合理利用。父母要让孩子明白，虽然这些物品旧了，但是，它们仍然具有使用价值。这样不仅能够让孩子明白旧货的价值，而且可以培养孩子关心他人的好品格。

如果玩具或用品坏了，父母可以鼓励孩子自己修理，这样也可以培养孩子爱惜东西。为了孩子，父母多花点时间、精力绝对是值得的。如果父母自己也不会操作，可以参考有关的书籍。在这里要特别提醒父母的是，

不要因为忙就用“给你钱，你去买好了”来打发孩子。因为钱虽然能买到所需的东西，也较省事，但对孩子而言，得到的却是“伸手就要钱”、“金钱万能”的不良教育。

亲子小游戏——废物利用

材料：各种废弃的物品。

游戏目的：让孩子善于发现旧货的价值，合理利用废旧物品。

活动内容：

1. 让孩子在废弃的挂图及纸袋子的背面画画。
2. 让孩子收集雨水，并用雨水给家里的花草浇水。
3. 让孩子收集家中的塑料瓶、易拉罐及旧报纸，并集中卖给回收站。

亲子小故事——买椟还珠

春秋时代，楚国有一个商人专门从事珠宝生意。

有一次，这个商人到齐国去做生意。为了使自己的珠宝能够卖个好价钱，他特意请了一位技艺高超的木匠，用名贵的木料造了许多小盒子。这种木料能够使盒子发出一种奇特的香味，而且，这些小盒子都被雕刻得非常精致美观。商人把自己的珠宝装在这些精致可爱的小盒子里，然后，他拿着装了珠宝的盒子到街上去卖。

果然，商人一到街上就吸引了很多人围上来观看。人们都被漂亮的盒子给迷住了。一个郑国人看到这么漂亮的盒子爱不释手。他高兴地问商人：“你的盒子卖吗？”

商人回答：“我是卖珠宝的商人，不是卖盒子的商人。我不卖盒子，盒子是用来装珠宝的，连同珠宝一起卖的。”

郑国人非常生气，他挑了一个最精致的盒子，对商人说：“我要买这盒珠宝！”然后，他付给商人很多钱。

商人高兴地把珠宝连同盒子卖给了他。但是，郑国人拿到盒子后，却打开盒子把里面的珠宝拿出来还给了商人，然后兴高采烈地拿着漂亮的盒子走了！

问孩子的问题

1.你觉得这个郑国人是不是很愚蠢?

2.他为什么会用买珠宝的钱去买一个木盒子?

3.你觉得买东西只能看一个物品的外表吗?

4.如果要你去买东西,你会怎么办?

参考答案

1.郑国人确实有点愚蠢。因为他用买珠宝的钱购买了一只外表漂亮却没有实际价值的盒子。

2.他觉得这只木盒子的外形非常漂亮。

3.不能。物品的外表只是其中一个方面,更重要的是,我们应该看到这件物品的价值,看它到底值不值那么多钱。

4.我要根据我的需要去买东西,要讲究物品的价值和实用性,不能仅凭个人喜好,购买一些徒有其表却没有多大用途的东西。

第27堂课　让孩子学会合理消费

本课要点:

让孩子明白消费并不一定要盲从他人,也不一定要花费昂贵,而是要根据自己的需要,用最少的钱去购买尽可能多的物品。

每一个孩子都是父母手心里的宝贝,但是,爱孩子并不是给孩子金山银山。每个孩子的家庭经济情况不同,明智的父母要让孩子明白自己家庭的经济状况,教育孩子花钱要看家庭的支付能力。即使家里很有钱,父母也要教育孩子合理消费。

我们提倡节俭,不是反对孩子不要消费,而是提倡合理消费、适度消费,反对挥霍浪费和不道德的消费。不管哪个时代,盲目花钱、随便浪费永远是坏事情,是不良品质的反映。合理消费的含义就是花最少的钱购买最需要的物品,以及最大限度地利用自己手中的金钱。

在日常生活中,父母可以有意识地引导孩子进行合理消费。

第一,教育孩子尽量少花钱。告诉孩子,一个人如果可以在生活中尽

量减少金钱的支出，手中的钱便会多起来。那么，有什么方法可以少花钱呢？

例如，教孩子每周在固定的一天去购物，而不要天天购物。购物之前一定要列个清单，要根据自己的需要去买东西，不要见什么买什么。买东西之前必须要想清楚是否真的需要，可以让他在心里问自己“我需要用这个东西多久？”“是不是已经有其他东西可以替代打算要买的东西？”这些问题可以帮助孩子认识到有些支出是不必要的。

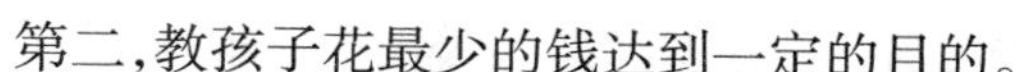

第二，教孩子花最少的钱达到一定的目的。

比如，孩子想吃炸薯条，父母可以在家自己做，这样不仅节省了许多钱，而且能够让孩子明白薯条是怎样炸出来的。再比如，孩子生日的时候，不要像以前一样到大饭店去庆祝，而是让孩子邀请小朋友一起到公园去聚会，坐在草地上，吃吃零食，玩玩游戏。还可以叫上其他小朋友的父母，这样可以增进家长之间的交流。再复杂一点的如，周末带孩子出去游玩时，可以跟孩子商量一下如何乘坐交通工具到达目的地。许多孩子可能习惯打车去，这样又快又舒服。但是，打车对于游览来说并不是最好的选择。如果出去游玩，可以选择坐观光旅游车，这样不仅节省了交通费，而且可以一路欣赏美丽的风景，还可以听导游讲解，不失为一个好办法。如果有公交月票，可以与孩子一起选择可用月票的公交车，尽管有时候需要倒车，但是，如果选择的坐车路线好，也可以花最少的钱和尽量短的时间到达目的地。一路上，可以与孩子说说唱唱、讲讲故事、玩成语接龙等游戏，锻炼孩子的思维能力。如果目的地比较近，可以选择骑自行车载着孩子去，或者步行，一路上认识各种事物，呼吸新鲜空气。

第三，与孩子讨论各种消费的原则。

一般来说，每个孩子的消费可以分为三类：生存性消费、发展性消费、享乐性消费。

①生存性消费，比较好理解，主要是满足孩子的生存需要的支出。在日常生活中，父母应满足孩子的这一要求。

②发展性消费，是为了发展孩子的身心、提高孩子的科学文化素质的

支出，父母应依据自己家庭的经济承受能力来确定。

③享乐性消费，是指用来享受生活及娱乐的支出。对于享乐性消费，父母不仅要控制自己的享乐愿望，而且要制止孩子享乐的欲望和念头。

每个家庭的经济情况不同，父母应该仔细动动脑子如何把钱花在有利于孩子发展的方面。但不管花钱多少，以下三条是父母参照的重要标准：

1. 是否能高效地使用金钱、财物，合理消费；

2. 是否有利于孩子的未来发展，即是否有利于形成孩子良好的品质素养、身体素质、心理素质、文化素质；

3. 是否杜绝了奢侈浪费、享乐主义。

第四，让孩子参与一些家庭消费。父母去菜市场买菜时，可以带着孩子一同去。在不断的比较、挑选中，在大人的讨价还价里，让孩子理解钱的用处，培养孩子合理消费、爱惜金钱的良好品格。另外，父母可以给孩子创造一定的机会交水电费、教育培训费等，让孩子知道家里的钱是怎样花出去的，知道维持一个家庭的必要开支是多少，体会到生活的艰辛。

总之，父母应该让孩子明白，每个人的需求都是不一样的，同一种物品对于不同的人来说具有不同的效用，不管什么物品，只要是合适自己的就是最好的，没有必要追求最贵的。

亲子小游戏——给爸爸的生日礼物

材料：一定的钱，各种手工制作工具等。

游戏目的：让孩子用尽量少的钱去选择一份既能表达自己的情感，又有意义的礼物。

活动内容：

1. 在爸爸的生日来临之前，妈妈应该告诉孩子，作为家庭的经济支柱，爸爸承担了许多家庭责任，孩子应该向爸爸表示一份尊敬和感激，在爸爸生日的时候给爸爸送上一份特别的礼物。

2. 妈妈可以告诉孩子，孩子并不需要购买价格昂贵的礼物，因为礼物重在代表一份心意。因此，孩子可以购买一些价格便宜但有意义的礼物，或者通过自己动脑筋，亲手制作一些特别的礼物送给爸爸。

3.在孩子选购礼物的时候，妈妈要引导孩子合理消费；在孩子制作礼物的时候，妈妈要告诉孩子在制作的过程中倾注自己的情感。

4.爸爸在收到孩子的礼物时，应该向孩子表示感谢，让孩子明白这份礼物对爸爸来说是非常珍贵的，并把这份礼物珍藏起来。

亲子小故事——平民总统杰斐逊

美国第三任总统杰斐逊喜欢独自骑马到华盛顿郊区去漫游，借以考察民情。

有一天，杰斐逊碰到一位康涅狄格州人，这人并不知道眼前的人就是总统，还以为他是个马贩子呢，因为他穿得像普通人一样。两人高兴地聊着天，聊着聊着竟然聊到了新上任的总统。康涅狄格州人说："杰斐逊是个花钱大手大脚的人，他的手上总是戴满了戒指，要是把他的衣服卖了，换回来的钱不仅能买一个种植园，还可以再买两只手表呢！"听了康涅狄格州人的话，杰斐逊哈哈大笑起来。杰斐逊说："实际上，总统平时穿的衣服还没你的漂亮呢。如果你不相信，我们一起去见见他吧！"

于是，两人一起骑着马往白宫去。到了白宫门厅时，仆人赶紧向杰斐逊打招呼："总统先生！"康涅狄格州人一下子惊呆了，原来总统的打扮就像个平常人。

问孩子的问题

1.康涅狄格州人为什么觉得杰斐逊是个马贩子？

2.康涅狄格州人为什么会觉得新上任的杰斐逊总统是个花钱大手大脚的人？

3.当康涅狄格州人知道跟自己一起的人竟然是杰斐逊总统时，为什么会惊呆了？

4.你觉得一个人的外表重要吗？有没有比外表更重要的？

参考答案

1.因为他觉得杰斐逊穿得像普通人一样，还骑着马。

2.因为他觉得杰斐逊是总统，花钱打扮自己也是理所当然的。

3.因为杰斐逊总统的打扮实在太普通了,就跟平常人一样。

4.一个人的外表不是很重要,在日常生活中,我们只要把自己打扮得干干净净、大大方方就可以了,没必要花费大量的金钱去购置昂贵的服饰。相对于外表来说,一个人的内心、能力、修养、气质等显得更重要,因此,我们应该提高自己的能力和修养。

第28堂课　让孩子学会记账

本课要点:

让孩子明白记账的重要性,学会正确记录自己的收入与支出,从而养成良好的消费习惯。记账是理财的一种手段,它可以让人清楚地了解各项收入的来源和各项支出的原因,从而具体分析每项支出的必要性,重新调整自己的消费,帮助一个人更加理性地对待自己的消费。

一位妈妈说:"我们刚结婚的时候是月光族,一有钱就会花个精光。每次,我看到商场的打折广告就会激动不已,于是,各种各样的东西都被我买回了家。当然,买的时候都是非常喜欢的,但是,渐渐地,我发现家里有了许多连商标都没有拆过的商品。因为,我买回来的东西往往并不是真正需要的,只是凭一时的冲动,于是,这些东西都成了家里的'存货'。后来,我开始记账,每周把自己所花的钱进行统计,这下我自己都吓呆了,原来,我花在无用东西上的费用实在是超额太多了。从此,我不再经常性地光顾商场,我们家的存款也开始多起来了。"

随着孩子年龄的增长,父母们也应该让孩子学会记账。这有利于孩子理性地对待自己的每一项支出。

洛克菲勒要求他的孩子在每天睡觉的时候必须记下每一天的每一笔开销,无论是买玩具小汽车还是买铅笔,都要如实地一一记录。洛克菲勒每天晚上都要查看孩子们的记录,无论孩子们买什么,他都要询问为什么要买这些东西,让孩子给出一个合理的解释。如果孩子们的记录清楚、真实,而且解释得有理由,洛克菲勒觉得很满意,那他就会奖赏孩子们5美分。如果他觉得不好就警告他们,如果再这样就从下次的劳动报酬中扣除

5美分。洛克菲勒的这种询问孩子花销、但是绝对不干涉的政策,让孩子们很高兴,他们都争着把自己记录整齐的账本给父亲看。而且,最重要的是,这一举动培养了孩子们的自尊心,他们总是不愿意自己乱花钱而被父亲警告。

IBM前董事长沃森要求他的儿子从上初中时就开始做每周的零花钱支出计划,并列出每月的收支目标,使儿子很小就树立了商业意识,最后也成了IBM公司的首席执行官。

可见,让孩子学会记账,不仅是要孩子明白收入和支出情况,而且能够让孩子明白钱都用到什么地方去了,从而养成理性消费的习惯。

许多孩子的毛病就是父母给多少就花多少,花完了再向父母要。因此,针对孩子花钱无节制的特点,父母要帮助孩子制订一个合理的消费计划,当然,消费计划主要由孩子来制订。例如,父母在给孩子钱的时候,可以提出一个支出原则,让孩子自己去制订计划。

一位妈妈发现上小学三年级的女儿花钱大手大脚,一点节制都没有。因此,她想到让孩子学着记账。但是,由于孩子的性格比较逆反,如果直接要求孩子记账,可能会引起孩子的不满。于是,这位妈妈想出了一个好办法。这位妈妈自己有记账的习惯,她故意把自己的记账本放在客厅的桌子上,女儿无意中看到了妈妈的记账本,觉得很好奇,于是认真地查看起来。后来,女儿主动向妈妈询问记账本的相关情况。于是,妈妈就顺水推舟,把家里的收入和支出情况都告诉了女儿。女儿在了解到家庭的收入和支出情况后,也意识到了记账的重要性。她竟然对妈妈说:“妈妈,我也想像你一样记账,看看我的钱都花到哪里去了!”妈妈高兴地把记账的一些方法教给了女儿。结果,女儿记账的第一个月,就为自己攒下了一笔数额不小的钱。

当孩子手中有了一定数目的钱时，父母要帮助孩子科学合理地使用。当然，父母不要干预孩子制订计划，但是，父母要对孩子的计划进行监督、检查，看看孩子是否根据计划合理地使用零花钱。另外，父母要经常性地查看孩子的消费倾向，了解孩子的消费取向，从而引导孩子学会合理消费。通过家长的指导和监督，孩子就会提高理智消费的能力，能够有所节制地花钱。

亲子小游戏——我也来记账

材料：纸、笔、尺子等。

游戏目的：让孩子通过记账来了解自己零花钱的来源和用途。

活动内容：

1. 教孩子用尺子和笔在纸上制作记账单；
2. 让孩子每天在记账单上记录自己的收入和支出情况；
3. 要求孩子每周或者每个月统计一下自己的收支情况。

亲子小故事——爱记账的明明

老李从商多年，家里经济条件不错。明明是家中孙子辈里唯一的男孩，长辈加起来有近30人。所以，每到过年、过生日，明明都要发一笔几千元的“大财”。

“过去我们大人也不管儿子的钱，都让他自己花。”老李记得，明明8岁那年春节，3000多元的压岁钱用了6天就没有了，当时我们还觉得奇怪，以为是钱丢了。后来仔细一问，原来几天时间里他买玩具、买零食、打游戏、请同学上公园……把压岁钱全部花光了。家里虽然不缺钱，但这么放任孩子，就等于害了他。但我们还没开口说他两句，他就顶开了嘴说‘钱是我的，我想怎么花就怎么花’！没办法，只好先给他讲道理：当你叔叔、婶婶、舅舅、舅妈往你口袋里塞钱的时候，爸爸同样也给你那些堂姐、堂妹、表姐、表妹发压岁钱。这个道理跟你请人家吃麦当劳、人家请你吃肯德基一样，没有爸妈往外送钱，你能得到压岁钱吗？爸爸不是要你上缴压岁钱，而是希望你注意两点：一是不能乱花、乱用；二是以后不再给你零花钱，如果你想买个玩具什么的，就要自己存钱来买。一番苦口婆心的口头说教之后，

为了彻底改掉儿子乱花钱的毛病，老李手把手地教儿子学起了理财。在爸爸的帮助下，明明在银行里有了一个自己的“定活两便存款”账户。按照父子俩的约定，明明拥有完全的支配权——可以自由地存取；而老李只行使监督权——不干涉儿子的开支。

明明的收入包括：1.春节压岁钱；2.生日长辈给的红包；3.平时通过做家务活赚的零花钱。而他的支出（学费、吃穿由父母开支）包括：1.平时零花钱；2.买玩具和单独外出玩耍的花费。

接着，老李又给明明专门买了一个笔记本，让他对自己每天的收支预算记账。一段时间后，老李发现儿子不再像过去那样大手大脚地花钱了。

“我们同学当中，就数我最有钱了。”自己攒钱自己花的成就感让明明颇为自豪。3年下来，明明居然记满了两个账本，存款达到了1.6万元。

去年春节，明明又迷上了收藏。他拿出自己的1000元积蓄和爸爸资助的1000元，买了各种生肖邮票和钱币。一年过后，这些邮票和钱币最少涨到了2200元。虽然只赚了200元，但这可是明明有生以来的第一笔投资收益。用他自己的话说：“高兴惨了！”

问孩子的问题

1.过去明明的钱为什么花得那么快？

2.明明花钱大手大脚有什么害处？

3.爸爸想出了什么好办法克服了明明这一缺点？

4.明明记账的好处是什么？

参考答案

1.因为明明不善于理财，钱花得没有计划。

2.会使得他忽视钱的价值，认为钱是白来的，不懂得珍惜钱财。

3.爸爸让明明的开支有计划和规律，并且引入记账这一手段，使明明花钱明确而合理。

4.使明明花钱有计划，不再大手大脚花钱，存款增多而且明明更善于理财了。

第29堂课　时间就是金钱

本课要点：

让孩子明白一寸光阴一寸金，寸金难买寸光阴，每个人都应该珍惜时间。

法国思想家伏尔泰曾出过一个意味深长的谜语："世界上哪样东西最长又是最短的，最快又是最慢的，最能分割又是最广大的，最不受重视又是最值得惋惜的。没有它，什么事情都做不成，它使一切的东西归于消灭，使一切伟大的东西生命不绝。"

这是什么呢？这就是时间。

英国著名政治家、外交家皮尔利捷斯特对儿子进行理财教育时说："贤明而聪慧的人，金钱和时间同样不浪费。"著名的物理学家爱因斯坦则认为，人与人之间的最大区别就在于怎样利用时间。

确实，在我们每个人出生时，世界送给我们最好的礼物就是时间。不论是穷人还是富人，这份礼物是如此公平：一天24小时，我们每一个人都用它投资来经营自己的生命。有的人很会经营，一分钟变成两分钟，一小时变成两小时，一天变成两天……他用上天赐予的时间做了很多的事，最终换来了成功。

事实上，每个人对于金钱的开支大多比较留心，但对于时间的支出却往往不大在意。据法国《兴趣》杂志对人一生在时间的支配上作的调查显示，一个人的时间分配是这样的：站着，30年；睡着，23年；坐着，17年；走着，16年；跑着，1年零75天；吃着，7年；看电视，6年；闲聊，5年零258天；开车，5年；生气，4年；做饭，3年零195天；穿衣，1年零166天；排队，1年零135天；过节，1年零

75天;喝酒,2年;如厕,195天;刷牙,92天;哭,50天;说“你好”,8天;看时间,3天。

这份账单上的时间开支,有一些是非花销不可的,但有的却完全可以节省。每个人在生活的每一天都必须清楚:我该为哪些事花费时间?哪一些可以忽略或缩短?只有像对金钱那样计较时间,我们才能在有限的人生中做更多有意义的事情。

所谓时间就是金钱,时间有时比金钱还要珍贵,珍惜时间就是珍惜生命。孩子能否安排好自己的时间,与他学习效率的高低有很大的联系。不珍惜时间、无法合理安排时间的孩子往往缺少自我控制的能力,缺乏不断前进的动力。

如果父母在早期教育中让孩子养成了良好的时间观念,就等于给了孩子知识、力量、聪明和美好的开端。因为善于利用自己时间的人将会获得高效率的办事结果,也最能出成绩。遗憾的是,孩子的时间观念并不强,他们往往不能按问题的主次和事情的轻重缓急来安排时间,而是凭自己的兴趣来安排时间,结果不但造成了不必要的时间浪费,而且还会影响许多事情的处理。因此,在孩子不善于利用时间时,父母应该运用一定的方法帮助孩子养成合理安排时间的好习惯。

第一,让孩子明白时间的重要性。父母应该让孩子明白,时间是很宝贵的,一个人浪费时间就是浪费生命。

著名的德国无机化学家、诺贝尔奖得主阿道夫·冯·拜尔,在他的自传里提到自己小时候的一次难忘的经历。

那是在他十岁生日之前的一天晚上,他躺在床上高兴地想着父母一定会送他一份大礼物,并为他热热闹闹地庆祝一番,因为德国人对家人的生日是十分重视的。但是,那天早晨起床以后,父亲还是老样子,一吃完早饭就伏案苦读,母亲则带着他到外婆家消磨了一整天。小拜尔有些不高兴,细心的母亲发现了,耐心地开导他:“在你出生的时候,你爸爸还是个大老粗,所以现在他要和你一样努力读书好参加明天的考试呢!妈妈不想因为庆祝你的生日而耽误爸爸的学习,爸爸在为明天我们的生活能够丰富多彩

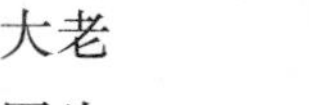

而尽心尽力呢。你也要学会珍惜时间学习呀!"这番教诲从此就成为拜尔的座右铭了,他认为,"十岁生日时,母亲送给我一份最丰厚的生日礼物!"

可见,父母从小就应该让孩子明白时间的重要性,诸如"一寸光阴一寸金,寸金难买寸光阴"。告诉孩子,许多伟人诸如元首、科学家、发明家、文学家等,最成功之处就是运用时间的成功,他们都是运用时间的高手。

第二,教孩子合理安排时间。

当孩子明白时间的重要性后,父母就应该教给孩子安排时间的技巧。诸如制定合理的时间表,在精力最旺盛的时候做最重要的事情。尤其应该让孩子明白,学习是一件非常重要的事,要坚持每天学习一点点,而不要拖到以后去学。苏联教育学家苏霍姆林斯基曾经说过:"要学会强迫自己天天读书,不要把今天的工作搁到明天。今天丢弃的东西,明天怎么也补不上了。"

对于玩耍、游戏、看电视等事情,父母要教孩子在做这些事情之前,先问问自己:"我有必要做这件事吗?""做这件事会花我多少时间?""有没有比这件事更重要的事情需要我去做呢?"通过这种事前思考,可以帮助孩子少做一些不重要的事情,从而提高时间的利用率。

第三,教孩子学会统筹时间。每个人的时间都是一样的,有些人能够在有限的时间里做许多事,有些人只能做一件事,这并不是因为一个人特别笨或者手脚特别慢,而是不会统筹时间的表现。

比如,当孩子早上起床的时候,父母们往往需要为孩子准备早餐、提醒孩子带好上学用的东西,并进行洗漱,整理好自己上班要用的东西等。许多父母一般都先做早饭,在做早饭的间隙进行洗漱,然后,在孩子起床的时候收拾自己的东西,在孩子吃饭的时候不忘提醒孩子当天应该带的东西,并嘱咐孩子一些重要的事情等。这些都能有条不紊地进行,关键就在于父母们善于统筹时间。孩子也是一样,许多孩子刚开始只会在一段时间内做一件事情。父母就应该教孩子学会"一心二用"。比如教孩子在起床、穿衣、洗漱的时候听听广播,在等车的时候背诵单词,在睡觉前听听英语等。

第四,要纠正孩子不珍惜时间的坏习惯。

如果孩子已经养成了不珍惜时间的坏习惯,父母就要有针对性地帮助

孩子提高对时间的重视。

如果孩子在吃饭的时候喜欢磨蹭，那父母可以给孩子限定时间，比如半小时没有吃完就把饭菜收起来等。父母要说到做到，偶尔一次两次的挨饿对孩子来说没有坏处，反而能够让孩子体会到饥饿的滋味，珍惜食物，珍惜时间。

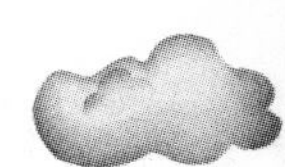

如果孩子在做作业的时候磨蹭，也可以根据孩子的作业量规定一个期限，比如，孩子的作业量对于其他孩子来说半小时能够完成，那么规定孩子用四五十分钟完成。父母可以调好闹钟放在孩子的身边，时间一到就不能让孩子再做作业了。如果孩子没有做完也不要心疼，让老师第二天批评一下孩子，可以给孩子留下更深刻的印象，促使他下次抓紧时间做作业。当然，父母应该事先跟老师说明情况，避免老师认为孩子故意不完成作业。

在纠正孩子不珍惜时间的过程中，父母一定要有耐心。同时，自己要有一定的时间观念，让孩子逐渐树立良好的时间观念，珍惜时间。

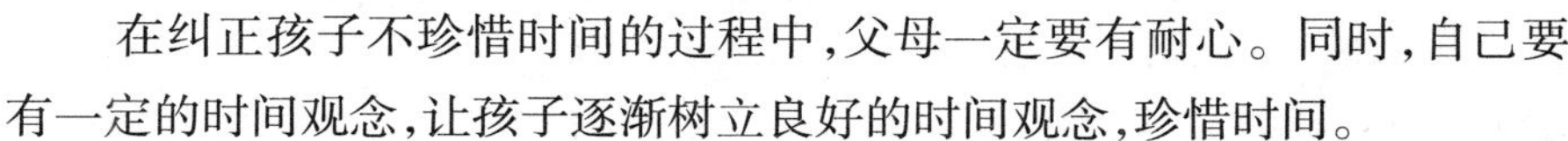

亲子小游戏——昨天、今天和明天

游戏目的：让孩子学会总结昨天，珍惜今天，展望明天。

活动内容：

1.让孩子回忆昨天发生了什么重要的事情，有什么事情是浪费时间的。

2.让孩子说说今天发生的事情，有什么事情是浪费时间的。

3.让孩子想想明天想做些什么事情，和孩子一起制定明天必须完成的事情的时间表。

4.让孩子熟记下面两首关于时间的诗歌。

今日歌

明　文嘉

今日复今日，今日何其少！
今日又不为，此事何时了？
人生百年几今日，今日不为真可惜。
若言姑待明朝至，明朝又有明朝事。
为君聊赋《今日诗》，努力请从今日始。

明日歌

明　文嘉

明日复明日,明日何其多!

我生待明日,万事成蹉跎。

世人苦被明日累,春去秋来老将至。

朝看水东流,暮看日西坠。

百年明日能几何?请君听我《明日歌》。

亲子小故事——不断涨价的书

富兰克林是美国著名的政治家、科学家、外交家和文学家。他是一个大忙人,为了让自己的工作更有效率,富兰克林具有极强的时间观。他曾经说过:“想要有空余时间,就不要浪费时间。”“浪费时间是所有支出中最奢侈、最昂贵的。”

富兰克林曾经是个书店的老板。有一天来了一位顾客。这位顾客想买一本书,但又觉得贵。他犹豫了将近一个小时,终于开口问店员:“这本书多少钱?”

“一美元。”店员回答。

“一美元?”这位顾客又问,“能不能便宜点?”

“它的价格就是一美元。”

这位顾客又看了一会儿,然后问道:“富兰克林先生在吗?”

“在,他在印刷室忙着呢。”

“那好,我要见见他。”这位顾客坚持要见富兰克林。

于是,富兰克林就被找了出来。

这位顾客问道:“富兰克林先生,这本书你能出的最低价格是多少?”

“一美元二十五美分。”富兰克林不假思索地回答。

“一美元二十五美分?你的店员刚才还说一美元一本呢!”

“这没错。”富兰克林说,“但是,我情愿倒给你一美元也不愿意离开我的工作。”

这位顾客惊呆了，最后，他妥协说："好吧，你说这本书最少要多少钱吧？"

"一美元五十美分。"富兰克林回答。

"怎么又变成一美元五十美分？你刚才不还说一美元二十五美分吗？"

"对。"富兰克林冷冷地说，"因为你在不断地浪费我的时间，我现在能出的最低价格就是一美元五十美分。"

最后，这位顾客只好默默地把钱放在柜台上，拿起书走了出去。因为，富兰克林这位著名的物理学家、政治家给他上了一堂终身难忘的课：对于有志者，时间就是金钱。

问孩子的问题

1. 为什么这位顾客要把富兰克林先生找出来？

2. 富兰克林为什么会不断提高书的价格？

3. 最后，这位顾客为什么要买下这本书？

参考答案

1. 他觉得找到富兰克林可以跟他讲讲价，能够便宜一点购买这本书。

2. 富兰克林觉得浪费时间是最奢侈最昂贵的支出，而这位顾客却因为一本书要不断地浪费他的时间，因此，他把被顾客浪费的时间价值不断地加到了书的价格上。

3. 因为富林克林让他明白了一个道理：对于有志者，时间就是金钱。金钱能够储蓄，而时间不能储蓄。金钱可以从别人那里借，而时间不能借。有时候，时间比金钱更重要。

第30堂课　学会使用优惠券

本课要点：

让孩子明白节约的方式是多种多样的，如果可以使用优惠券来获得实惠，将是非常明智的选择。

当今社会，随着商家竞争的激烈化，优惠券也越来越多。优惠券是顺应经济发展潮流而实行的优惠折扣券，消费者只要携带优惠券到相应的商

家去消费即可享受到商家承诺的优惠折扣。因此，正确使用优惠券往往可以节约一大笔钱。优惠券一般有两种，一种是打折卡，一种是代金券。不管是哪一种优惠券，对于消费者来说，能够享受到的优惠都是实实在在的。

在日常消费中，我们也会有意识地购买打折商品或者使用优惠券，这是一种积极的理性消费观念。因此，我们需要把这种思想灌输给孩子，让孩子在消费的时候也有这个概念。

第一，让孩子学会收集优惠券。收集优惠券的途径很多，报纸、杂志是最重要的渠道。另外，超市经常会散发优惠信息单，许多优惠券就附在里面。如今，电子优惠券的兴起也成了一种获取优惠券的渠道。消费者只要登录相应的网站去下载这些电子优惠券然后打印出来，即可到商家去使用。比如，到肯德基快餐店网站上下载优惠券，打印出来后即可到肯德基的各店使用。

因此，父母应该鼓励孩子去收集一些用得着的优惠券。

第二，对优惠券进行分类整理。优惠券往往有许多，诸如服装类的、食品类的、电器类的等，孩子如果收集到许多优惠券，应该把这些优惠券进行分类整理，同种类的优惠券夹在一起，方便使用时取用。尽管有些优惠券优惠的幅度并不是很大，但是，这样做的目的是教孩子学会精打细算。

亲子小游戏——寻找麦当劳的电子优惠券

游戏目的：让孩子有意识地寻找自己经常消费的商品的优惠券，培养合理消费的思想。

活动内容：

1.在百度(www.baidu.com)上搜索关键词“2008麦当劳优惠券”，会找到“麦当劳电子优惠券(全国版)”的相关网页。

2.打开这个网页，找到图片。

3.如果有打印机，直接打印该优惠券。如果没有打印机，把该图片复制下来，然后打开Word软件，在Word软件中粘贴图片，再到有打印机的地方打印出来。

4.注意，优惠券应该是没有过期的，且规定在本地可以使用的。

亲子小故事——富翁与穷汉

在犹太人中流传着这样一个故事。

有这样两个人，一个是体弱的富翁，另一个是健康的穷汉。

这两人相互羡慕着对方。富翁总是羡慕穷汉拥有健康的身体，而穷汉则羡慕富翁拥有的财富。在富翁看来，财富只是成功的一种标志，一个人只要有能力、有信心，再加上不断努力，必然会获得财富的。但穷汉并不这样认为，在穷汉看来，财富是上帝的恩赐，自己尽管拥有健康的身体，却没有巨额的财富，这是非常不幸的。

两人碰到一起后，富翁表示愿意用自己的财富来换得健康，而穷汉则振振有词地说愿意用自己的健康来获得财富。

后来，一位医术高超的外科医生掌握了人脑的交换方法。于是，富翁与穷汉决定互换脑袋。

结果，富翁用全部的财富换得了健康的身体，而穷汉得到了富翁的财富，却也得到了富翁所有的疾病。

不久，成了穷汉的富翁由于有了强健的体魄，又有着能够获取成功的本领，通过不断努力，慢慢地又获得了财富。而那位成了富翁的穷汉虽然拥有了巨额的财富，但是因为他缺乏经营的头脑，不断地把钱挥霍掉，最终又变成了穷汉。

问孩子的问题

1. 富翁和穷汉的各自优势是什么？
2. 哪一个优势更重要？
3. 富翁为什么愿意用财富跟穷汉交换健康？
4. 富翁和穷汉的最后结果是什么？

参考答案

1. 富翁的优势是拥有财富，穷汉的优势是拥有健康。
2. 健康比财富更重要。
3. 因为富翁认为，财富只是成功的一种标志，一个人只要有能力、有信

心，再加上不断努力，必然会获得财富。

4. 富翁虽然没有了财富，但是他拥有了强健的体魄，同时，因为他有能够获取成功的本领和不断努力的决心、恒心，最后，他又获得了财富，成为一个健康而富有的人。穷汉虽然得到了财富，但是因为他缺乏经营的头脑，只会不断地挥霍金钱，财富越来越少，最后他又变成了穷汉，成为一个贫穷且浑身是病的人。

第31堂课　知识是无价的

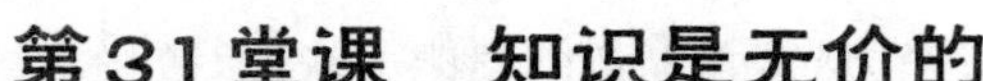

本课要点：

让孩子明白知识是无价的，用钱来买书，其实是一种智力投资。当然，买了书一定要看才行。

对于孩子来说，智慧是最大的财富，而智慧正是来自读书和学习。每个父母都希望自己的孩子学习好，将来能够考上大学，找到好工作，而这一切都需要孩子从小就喜欢读书，愿意从书中获取知识和智慧。为孩子买书，就是给孩子投资，这是一种理财的好方式。因为孩子学到了知识，就能够用自己的头脑去创造财富。

犹太人的孩子几乎都要回答父母同一个问题："假如有一天，你的房子突然起火，你的财产就要被人抢光，那么，你会带什么东西逃跑？"孩子们的回答多种多样，有的说带钱，有的说带珠宝，但是，没有哪一种回答能让父母真正满意。于是，父母就会进一步问："有一种无形、无色也无气味的财富，你知道是什么吗？"要是孩子答不出来，父母就会告诉孩子："孩子，你应该带走的不是别的，而是这个宝贝，这个宝贝就是智慧。智慧是任何人都抢不走的。你只要活着，智慧就永远跟随着你。"在犹太人眼里，任何东西都是有价的，都能失而复得，只有智慧才是人生无价的财富，是永恒的财富，它能引导人通向成功，而且永远不会贫穷。犹太人追求以智慧谋钱，这就使犹太人成为世界上最伟大的商人，使犹大人的生意经成为其他人都想了解的智慧生意经。

那么，父母可以为孩子买哪些书呢？下面列举了一些中小学生应该阅

读的书籍书目以供参考：

历史类：《上下五千年》、《世界五千年》、《二十四史》、《中国通史》、《资治通鉴》等。

中国名著：《三国演义》、《水浒传》、《西游记》、《红楼梦》、《聊斋志异》、《儒林外史》、《骆驼祥子》、《四世同堂》、《阿Q正传》、《围城》、《祝福》、《家》、《春》、《秋》、《子夜》、《林家铺子》、《青春之歌》、《小二黑结婚》、《平凡的世界》等。

外国名著：《钢铁是怎样炼成的》、《海底两万里》、《欧也妮·葛朗台》、《汤姆叔叔的小屋》、《巴黎圣母院》、《悲惨世界》、《牛虻》、《鲁滨孙漂流记》、《基督山伯爵》、《三个火枪手》、《哈姆雷特》、《雾都孤儿》、《复活》、《俊友》、《爱的教育》、《项链》、《第六病房》、《变色龙》、《万卡》、《套中人》、《死魂灵》、《童年》、《在人间》、《我的大学》等。

名人传记：《毛泽东传》、《周恩来》、《居里夫人》、《甘地夫人》、《尼克松传》、《世界一百名人》、《渴望生活——梵·高传》等。

散文类：《古文观止》、《朱自清散文选》、《余秋雨散文选》、《沈从文散文选》、《冰心散文》、《三毛经典作品集》、《世界散文精品大观》、《中国散文精品》、《名家散文集》等。

诗歌类：《诗经》、《楚辞》、《唐诗三百首》、《宋词选》、《泰戈尔诗集》、《普希金诗选》、《拜伦诗集》、《雪莱诗集》、《舒婷诗集》、《繁星》、《春水》等。

百科类：《中国少儿百科全书》、《十万个为什么》等。

寓言类：《伊索寓言》、《克雷洛夫寓言》等。

童话与神话：《天方夜谭》、《安徒生童话》、《格林童话》等。

科幻类：《哈尔罗杰历险记》、《格兰特船长的女儿》、《世界自然之谜大观》、《他界之最》、《世界之旅》、《世界之大》、《海洋的呼唤》等。

剧本类：《元曲选》、《雷雨》、《日出》、《龙须沟》、《窦娥冤》等。

亲子小游戏——用压岁钱买书去

游戏目的：让孩子明白读书其实是一种智力投资，养成孩子爱读书的好习惯。

活动内容：

1. 带着孩子去新华书店，让孩子用自己的压岁钱购买自己喜欢的图书。

2. 与孩子商量好，可以根据孩子自己的喜好来购买书，但是，买了以后一定要认真读，并要与父母讨论读后感。

亲子小故事——巴金爷爷怎样花钱

巴金爷爷是当代有名的作家。在文化圈内，巴金爷爷喜欢买书是出了名的。他家里有许多的书，汽车库、储藏室、阁楼上、楼道口、阳台前、厕所间、客厅里、卧房内……到处都是巴金爷爷的书。

1949年，新中国成立前夕，巴金爷爷家里只剩下57元银元了，生活非常拮据。巴金爷爷的妻子萧珊奶奶从菜场买来许多价廉的小黄鱼和青菜，她用盐把这些小黄鱼和青菜腌起来，晾干后再储存起来，然后每天取出一点来吃。就这样，巴金爷爷一家算是有了荤腥蔬菜吃了。而这些菜，他们要吃半年！

有一天傍晚，楼梯上传来巴金爷爷沉重的脚步声。原来，巴金爷爷买了两大包书回来，气喘吁吁的。

萧珊奶奶赶紧迎上去问：“又买书了？”

“嗯，当然要买书了。”巴金爷爷回答道。

这时，萧珊奶奶有些不高兴。明明家里已经没钱了，巴金爷爷却还买那么多书。于是，萧珊奶奶嘟囔道：“家里已经没有什么钱了。”

巴金爷爷却说：“钱，就是用来买书的。都不买书，写书人怎么活法？”

第二天，巴金爷爷又带着孩子们去书店买书了。

巴金爷爷的弟弟这样评价巴金爷爷：“说到他最喜爱的东西，还是书。这一兴趣从小到老没有变。在法国过着穷学生的清苦生活时，省吃俭用余下来的钱，就是买自己喜爱的书。”

问孩子的问题

1. 为什么巴金爷爷喜欢买书？

2. 看到巴金爷爷又买了一大堆书回来，萧珊奶奶为什么有些不高兴？

3. 你觉得买书有什么作用？

4.你喜欢买书吗？平时你的零花钱都是用来购买什么东西的？以后你会用零花钱去买更多的书吗？

参考答案

1.因为巴金爷爷喜欢读书，他觉得读书不仅可以让他获得知识，更可以让他获得快乐。

2.因为当时巴金爷爷家里已经快没钱了，他们连吃的都买不起了，而巴金爷爷却宁愿没有吃的东西，还要拿钱去买书。

3.买书可以学习许多知识，知识就是财富，学习了知识以后就可以去报答社会，获取财富。

4.略。

第32堂课　吃亏就是占便宜

本课要点：

让孩子明白，吃亏可能会让人在短时间内失去一些东西，但是，从长远来看，吃亏将让人获得其他更多的收益，吃亏其实就是占便宜。

在日常生活中，总会有各种各样的场合需要有人吃亏，有些人不愿意吃亏，认为吃亏是对自己人格的一种污蔑，实际上，主动吃亏，并且坦然面对吃亏，恰恰表现了一种人格上的大度。

东汉时期，有一个名叫甄宇的在朝官吏，时任大学博士。他为人忠厚，遇事谦让。有一次，皇上把一群外番进贡的活羊赐给了在朝的官吏，要他们每人得一只。要分配活羊时，负责分羊的官吏犯了愁：这群羊大小不一，肥瘦不均，怎么分给群臣才没有异议呢？这时，大臣们纷纷献计献策。有人说："把羊全部杀掉吧，然后肥瘦搭配，人均一份。"也有人说："干脆抓阄分羊，好坏全凭运气。"就在大家七嘴八舌争论不休时，甄宇站出来了，他说："分只羊不是很简单吗？依我看，大家随便牵一只羊走不就可以了吗？"说着，他就牵了一只最瘦小的羊走了。看到甄宇牵了最瘦小的羊走，其他的大臣也不好意思专牵最肥壮的羊，于是，大家都捡最小的羊牵，很快，羊就被牵光了，每个人都没有怨言。后来，这事传到了光武帝耳中，甄宇因此

得了“瘦羊博士”美誉,朝野称颂。不久,在群臣的推举下,甄宇又被朝廷提拔为太学博士院院长。

从表面上看,甄宇牵走了小羊吃了亏,但是,他却得到了群臣的拥戴、皇上的器重。

古人云“吃亏是福”,这句话一点都不假。吃亏也许会让人失去一些东西,但是,在失去的同时往往会获得其他的财富。有时候,吃亏后获得的财富反而是无法衡量的。我们可以看看身边的成功人士,许多人是在吃了无数次亏后才取得事业上的成功与辉煌的。在这些成功人士看来,有时候,吃亏只是表面上的失去,实际上,往往会获得更多的收获。从这个意义上说,吃亏其实是以退为进,是丢卒保帅的一种策略。

在独生子女较多的今天,许多父母不愿意孩子吃亏。比如,孩子受人欺负了,一定要叫孩子打回来;孩子受到了不公平的待遇,父母就会出面替孩子争取权益……事实上,这种做法并不值得提倡。孩子应该明白,世界上是没有绝对公平的事,吃亏是经常发生的事情。如果能够从另一角度去看待吃亏,那么,吃亏就可以成为孩子积累人生财富的良好时机。

李嘉诚从小就教育孩子怎样做生意,因为,在李嘉诚看来,做生意其实就是做人,做人比做生意更重要。李嘉诚说:“我经常教导他们,一生之中,最重要的是信。我现在就算再有多十倍的人也不足以应付那么多的生意,而且很多生意是别人主动找我的,这些都是为人守信的结果。对人要守信用,也许很多人未必相信,但我觉得一个“义气”,实在是终身用得着的。”在儿子李泽钜和李泽楷八九岁的时候,他们就被李嘉诚允许参加董事会。两个儿子坐在专门设置的小椅子上列席会议。有一次,李嘉诚主持董事会讨论公司应拿多少股份的问题时,他说:“我们公司拿10%的股份是公正的,拿11%也可以,但是我主张只拿9%的股份。”董事们有的赞成,有的反对,争论不休。这时,李泽钜站在椅子上说:“爸爸,我反对您的意见,我认为应拿11%的股份,能多赚钱啊!”李泽楷也急忙说:“对,只有傻瓜才拿9%的股份呢!”“哈哈!”父亲和同事们忍俊不禁。接着,李嘉诚语重心长地对两个儿子说:“孩子,这经商之道学问深着呢,不是1+1那么简单,你想拿11%发大

财反而发不了,你只拿9%,财源才能滚滚而来。做事要留有余地,不要把事情做绝。有钱大家得,利润大家分享,这样才有人愿意合作。”李嘉诚是要让孩子明白,大家都争取利益,往往是两败俱伤;如果双方都谦让一些,则可以达到双赢。从长远的角度来看,虽然自己吃亏了,但是,却赢得了信誉,赢得了滚滚而来的财源。

总之,一个人如果懂得付出,不计较吃亏,才能拥有一个富有的人生;相反的,如果锱铢必较,只知道接受,却吝手付出,他的人生必定与贫穷相伴。

然而,在给孩子讲解吃亏是福,吃亏就是占便宜时,父母要注意几点:

第一,吃亏不等于软弱。一个人愿意吃亏,并不代表自己一无是处,也不代表自己软弱无能。愿意吃亏只是一种谦让的人生态度,只是一种为人策略。

第二,吃亏不等于让步。一个人愿意吃亏,并不代表不得已的让步。有时候,原则上不愿意吃亏,但是,行动上却愿意吃亏,这样的人更值得钦佩。

亲子小游戏——智猪博弈

游戏目的:提高孩子衡量利益得失的能力。

活动内容:

经济学上有一个经典的“智猪博弈”案例:猪圈里有一头大猪,一头小猪。猪圈的边缘有个踏板,每踩一下,远离踏板的投食口就会落下少量食物。如果是小猪踩踏板,大猪会在小猪跑到食槽之前吃光所有食物。若是大猪踩踏板,则小猪还有机会吃到一点,因为小猪食量小嘛。那么,两头猪会采取什么策略呢?

答案是:小猪将安安心心地等在食槽边,而大猪则不知疲倦地奔忙于踏板和食槽之间。如果大猪能够懂得给小猪留点食物,那么小猪也会愿意去踩踏板。

亲子小故事——钱猪

婴儿室里有许多许多玩具:橱柜顶上有一个扑满,它的形状像猪,是泥烧的。它的背上自然还有一条狭口。这狭口后来又用刀子挖大了一点,好使整个银元也可以塞进去。的确,除许多银毫外,里面也有两块银元。

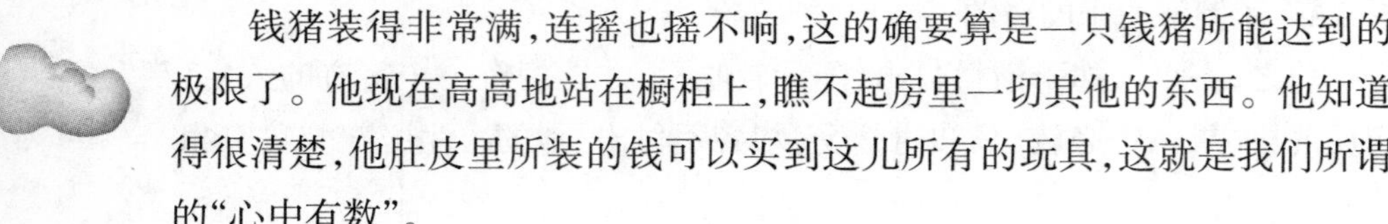

钱猪装得非常满,连摇也摇不响,这的确要算是一只钱猪所能达到的极限了。他现在高高地站在橱柜上,瞧不起房里一切其他的东西。他知道得很清楚,他肚皮里所装的钱可以买到这儿所有的玩具,这就是我们所谓的"心中有数"。

别的玩具也想到了这一点,虽然它们不讲出来。桌子的抽屉是半开着的,这里面有一个很大的玩具。她略微有点儿旧,脖子也修理过一次。她朝外边望了一眼,说:

"我们现在来扮演人好吗?因为这是值得一做的事情!"

这时大家骚动了一下,甚至墙上挂着的那些画也掉过身来,表示同意。

现在是半夜了。月亮从窗子外面照进来,送来不花钱的光。游戏就要开始了。所有的玩具,甚至属于比较粗糙的玩具一类的学步车都被邀请了。

"每个人都有自己的优点,"学步车说,"我们不能全都是贵族。正如俗话所说的,总要有人做事才成!"

只有钱猪接到了一张手写的请帖,因为他的地位很高,大家都相信他不会接受口头的邀请。的确,他并没有回答说他来不来,而事实上他没有来。如果要他参加的话,他得在自己家里欣赏,大家需要照他的意思办。结果大家照办了。

那个小玩偶舞台布置得恰恰可以使钱猪一眼就能看到台上的表演。大家想先演一出喜剧,然后再吃茶和做知识练习。于是摇木马开始谈训练和纯血统问题,学步车谈到铁路和蒸汽的力量。这些都是他们的本行,所以他们都能谈谈。座钟谈起政治,"滴答——滴答"。它知道自己敲的是什么时间,不过,有人说他走得并不准确。竹手杖直挺挺地站着,骄傲得不可一世,因为它上面包了银头,下面箍了铜环,上上下下都包了东西。沙发上

躺着两个绣花垫子，很好看。现在戏可以开始了。

大家坐着看戏。事先大家都说好了，观众应该根据自己喜欢的程度喝彩、鼓掌和跺脚。不过马鞭说他从来不为老人鼓掌，他只为还没有结婚的年轻人鼓掌。

"我对大家都鼓掌。"爆竹说。

"一个人应该有一个立场！"痰盂说。

这是当戏正在演的时候他们心中所有的想法。

这出戏没有什么价值，但是演得很好。所有的人物都把它们涂了颜色的一面掉向观众，因为他们只能把正面拿出来看，而不能把反面拿出来看。大家都演得非常好，都跑到舞台前面来，因为拉着它们的线很长，不过这样人们就可以把他们看得更清楚。

那个补了一次的玩偶是那么兴奋，弄得她的补丁都松开了。钱猪也看得兴奋起来，他决心要为演员中的某一位做点事情：他要在遗嘱上写下，到了适当的时候，他要这位演员跟他一起葬在公墓里。这才是真正的愉快，因此大家就放弃吃茶，继续做知识练习。这就是他们所谓的扮演人类了。这里面并没有什么恶意，因为他们只不过是扮演罢了。每件东西只想着自己，和猜想钱猪的心事；而这钱猪想得最远，因为他想到了写遗嘱和入葬的事情。这事会在什么时候发生，他总是比别人料想得早。

啪！他从橱柜上掉了下来，落到地上，跌成了碎片。小银毫跳着，舞着，那些小的打着转，那些大的打着转滚开了，特别是那块大银元，他居然想跑到广大的世界里去。他真的跑到广大的世界里去了，其他的也都是一样。钱猪的碎片则被扫进垃圾箱里去了。不过，在第二天，碗柜上又出现了一个泥烧的新钱猪。它肚皮里还没有装进钱，因此它也摇不出响声来；从这一点上来说，它跟别的东西完全没有什么分别。不过这只是一个开始而已——与这开始同时，我们作一个结尾。

问孩子的问题

1. 钱猪为什么瞧不起房里一切其他的东西？

2. 为什么只有钱猪接到了手写的请帖？它来参加游戏了吗？为什么？

3. 钱猪掉到地上后怎么了？

4. 新钱猪为什么跟别的东西没有什么分别？

5. 这个故事告诉我们什么道理？

参考答案

1. 因为它觉得自己肚皮里装的钱可以买到这所有的玩具。

2. 因为大家觉得它的地位很高，不会接受口头的邀请。钱猪没有来参加游戏，因为它想在自己家里欣赏表演，最后，其他玩具只好在钱猪能够看到的地方表演。

3. 钱猪掉到地上后跌成了碎片，肚子里的大银元和小银毫都散开了。

4. 因为新钱猪的肚皮里还没有装进钱，也摇不出响声来。

5. 这个故事告诉我们：钱猪虽然在肚子里装满钱后有一种大人物的沉重的样子，但是，每一个新钱猪的肚子里还没有装进钱的时候，它跟别的东西完全没有什么区别，根本就谈不上什么大人物。因此，每一个人，不管他拥有多少财富，都应该把自己视为平常人，而不要看不起他人。

第33堂课　苦难是一种财富

本课要点：

让孩子品尝一定的苦难，明白苦难是一种人生经历，更是一种精神财富。

“人，是从苦难中滋长起来的”，这是拿破仑的名言，确实，苦难是一种财富。许多成功人士从小都经历了苦难，但是，苦难并没有使他们退缩，相反，他们在苦难中被磨炼得格外坚强，格外伟大。

曾在报纸上看到过一则记者采访一位知名度很高、有亿万资产的香港大老板的谈话，大致是这样的。

记者问：“先生，能告诉我您一生中最大的财富是什么？”

“苦难。”这位老板毫不犹豫地回答。

“您可以详细地解释您把苦难当财富的原因吗？”记者惊奇地问。

“我说出来，也许你不会相信，我现在是全香港最有名的大老板，殊不

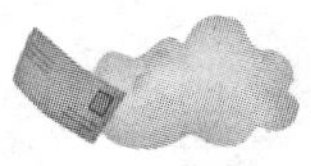

知今天赫赫有名的我，在20年前，还曾是一个流浪街头的流浪汉。”

“我曾是一个捡破烂的，为了生活，我四处奔波，起早贪黑，早上提着桶出去，晚上背回来，然后去废品店换钱，还要挨店主的‘骂’，风里来，雨里去，陪伴我的只是太阳、星星和月亮，还有那心爱的垃圾桶，桶中还有那宝贝垃圾。一干就是10年。10年来，我受尽饥饿、寒冷，受尽非人的虐待，我咬紧了牙哼都不哼一声，因为我知道，只有在苦难中才能磨炼我自己，只有经受得住艰辛才能成功！这不，我吃尽了苦却拥有了财富，所以我觉得财富来自苦难。”

记者笑着又问：“那么后10年您又是怎样走的呢？”

“我用10年辛苦积累挣来的钱经营了一家公司，改革的春风一吹，我的公司日新月异，稳步地向社会主义的大道上发展。”

“您能谈一谈您对苦难的深刻理解吗？”记者问。

“没有苦难，就没有我的公司；没有苦难，就没有我对人生的真正理解；没有苦难，就没有今天的财富。今天的拥有，都是我辛辛苦苦，勤俭节约，从苦难中得到的……所以苦难是一种财富。”

对于孩子来说，适当吃点苦是非常有利的，这是孩子走向成熟的一种精神财富。温室里的花朵是经不起风吹雨打的，而长在寒冷雪山上的雪莲花却能够在恶劣的条件下怒放！

在现实生活中，经常会有孩子抱怨：“为什么我的爸爸不是李嘉诚？”“要是比尔·盖茨是我爸爸多好呀！”孩子们的这种思想是不健康的。作为父母，应该培养孩子吃苦的精神。缺乏吃苦精神的孩子是经受不住生活的磨难的。

李嘉诚曾说过：“人们过誉我是超人，其实我并非天生就是优秀的经营者。到现在，我只敢说经营得还可以，我是经历过很多挫折和磨难，才悟出一些经营的要诀的。”在两个儿子出生时，李嘉诚的事业已经进入了良好的状态，发展速度非常迅速，李嘉诚也成了一个富豪。但是，李嘉诚明白，不能让两个儿子在富裕的家庭中失去勤奋的品质。于是，李嘉诚从小就让两个儿子接受苦难教育，教导他们节俭、勤奋。在李泽钜、李泽楷年幼的时

候，李嘉诚经常带他们一起坐电车、坐巴士，看路边报摊小女孩边卖报纸边温习功课那种苦学精神。在李泽钜刚刚中学毕业，李泽楷还没有完成中学学业的时候，李嘉诚就送他们到美国读书。李嘉诚给他们提供了生活费，但是，要求他们在其他方面自食其力。李嘉诚说："作为父母，让孩子在十五六岁就远离家乡，远离亲人，只身到外面去求学深造，当然是有些于心不忍，但是为了他们的将来，就是再不忍心也要忍心。"李泽楷自幼受父亲"自立创业"思想的熏陶，加上受美国青年独立思潮的影响，他瞒着父亲利用课余的时间到附近的麦当劳餐厅做兼职。白天上课，夜晚打工的日子让李泽楷尝到了生活的艰辛。最令他受不了的是经常会受到主管的责骂，尽管李泽楷坚持下来了，但是，他曾形容初到美国的那段日子"好像在地狱一样"。有一次，李嘉诚到美国探望正在读大学的儿子。那天下着雨，他远远地看见一个年轻人背着一个大背囊，骑着自行车，在车辆之间左右穿插。李嘉诚心想：这真是太危险了。结果，当他上前仔细看时，却发现那人正是自己的儿子李泽楷！后来，学业越来越繁忙，李泽楷没有时间到麦当劳做兼职了，于是，他利用假日到一个高尔夫球场做球童。当球童的那段日子里，他常常背负沉重的球棒袋，结果，他的右边肩膀的筋骨被拉伤了。

回想起在美国兼职的那段日子，李泽楷曾感慨地说："在麦当劳卖汉堡包的经历，对我用处不算很大，因为卖汉堡包没有变化，全部都是统一地做，难以随机应变赚更多的收入。总不能降低汉堡包的售价来争取更多生意吧？而当球童就不同了，在球场内，球童多，客人少，竞争很大，这份工作要有相当的进取精神和灵敏的观察力才可以干得好，所以可学到的东西确实很多。这份工作的收入全靠小费，所以你要有所选择。如果你想做一整天去拿到许多小费，往往一天下来会累得筋疲力尽……重要的是要小心地选择客人，从而使自己可以不必做太多工作，但又可多获小费。拾球虽是一项极好的收入来源，但当中的窍门要你自己去摸索。"

后来，李泽钜和李泽楷在美国斯坦福大学以优异的成绩毕业。他们原想在父亲的公司施展才华，干一番事业。谁知，李嘉诚沉思片刻后，说："我的公司不需要你们！"兄弟俩都愣住了，说："爸爸，别开玩笑了，您那么多公

司就不能安排我们工作？”李嘉诚却说：“别说我只有两个儿子，就是有20个儿子也能安排工作。但是，我想还是你们自己去打江山，让实践证明你们是否合格到我公司来任职。”兄弟俩意识到这是父亲的苦心安排，希望他们能够先在社会中经风雨，见世面，锻炼成才。

于是，兄弟俩来到了加拿大。李泽钜开设了地产开发公司，李泽楷成了多伦多投资银行最年轻的合伙人。虽然狠心让两个儿子独自去闯荡，但是李嘉诚总是惦记着他们。远在香港的李嘉诚常常打电话询问兄弟俩需不需要他帮助解决困难。但是，兄弟俩总是说：“谢谢爸爸的关心。困难是有的，我们自己可以解决。”因为兄弟俩知道，父亲只是关心自己，并不是真正想替自己解决困难，困难是需要自己来解决的。在加拿大，兄弟俩克服了许多困难，把公司和银行办得有声有色，成了加拿大商界出类拔萃的人物……两年后，李嘉诚把兄弟俩召回香港，高兴地对他们说：“你们干得很好，可以到我公司任职了。”

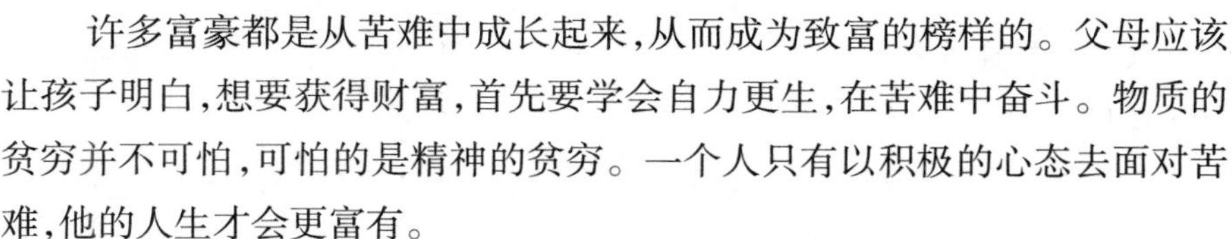

许多富豪都是从苦难中成长起来，从而成为致富的榜样的。父母应该让孩子明白，想要获得财富，首先要学会自力更生，在苦难中奋斗。物质的贫穷并不可怕，可怕的是精神的贫穷。一个人只有以积极的心态去面对苦难，他的人生才会更富有。

亲子小游戏——自力更生上大学

游戏目的：让孩子品尝劳动的艰辛，在苦难中磨炼孩子的各种能力。

活动内容：

1. 告诉孩子，从现在开始，他需要为自己上大学的学费而努力攒钱。

2. 孩子可以通过给家里打工，诸如做家务（孩子自己的事情除外），为家人解决问题等方式获得报酬。

3. 要求孩子通过帮亲戚、邻居等做事来获得报酬，比如送牛奶、看小孩等。

4. 要求孩子在假期通过打工的方式去获得报酬，比如卖报纸、手工制作小玩意、做家教等。

亲子小故事——属于自己的一半

老鼠先生有一位非常可爱的女儿叫小舒。

小舒渐渐长大了，老鼠爸爸想给她找个好丈夫。“孩子他妈，你觉得谁做我们的女婿比较合适呢？”

老鼠妈妈说：“我们一定要为宝贝女儿找一个最出色的丈夫。”

“是呀，那么，谁是这世界上最出色的呢？”老鼠爸爸问道。

“如果能让伟大的太阳先生做我们的女婿，那就太好了！”

于是，老鼠妈妈对着太阳先生叫道：“伟大的太阳先生，请你娶我的女儿做新娘吧！”

太阳听见了，笑眯眯地说：“谢谢你们的好意，但是，在这个世界上，比我厉害的人多了！”

老鼠爸爸赶紧追问：“那么，谁比你厉害呢？”

“是云先生呀！”太阳正说着，黑云压了过来，一下子就遮住了太阳。

于是，老鼠爸爸对云先生招手道：“伟大的云先生呀，请你娶我的女儿做新娘吧！”

云先生听了，摆摆手说：“我可不是世界上最出色、最厉害的，风比我厉害多了！ ”

话还没说完，一阵风吹过，云一下子就被风吹得无影无踪。

于是，老鼠爸爸又请求风先生娶自己的女儿为妻。风也摇摇头说：“墙先生比我厉害多了，不管我怎么吹，他都纹丝不动。”

只见风鼓足气向墙先生吹去，墙先生还是纹丝不动，微笑地面对着风先生。

老鼠又向墙先生说道：“请娶我女儿为妻吧！”

墙先生却对老鼠爸爸说：“我不是最厉害的，最厉害的是你们老鼠呀！ ”

这时，墙先生突然大叫起来：“哎哟，疼死我了！”原来，一只年轻的小老鼠正在咬墙先生的脚。

老鼠终于明白了，他将女儿小舒嫁给了这只帅气的小老鼠。从此，小

舒和丈夫过着幸福的生活。

问孩子的问题

1.为什么老鼠爸爸想找一个最厉害的人娶小舒?

2.你觉得世界上最厉害的是什么?

3.为什么太阳、云、风、墙都不是最厉害的?

4.小老鼠那么渺小,老鼠爸爸为什么把小舒嫁给了小老鼠?

5.小老鼠似乎卑微地生活意味着什么?

参考答案

1.他希望让女儿小舒过上最幸福的生活。

2.世界上没有最厉害的事物,因为总有其他事物在某一方面比这个事物强,每个人都有自己的优势,而只有自己才是最适合自己发展的事物。

3.因为总有其他事物在某一方面比他们更厉害。

4.别人的优势很多时候并不一定适合你,适合你的才是最好的。所以,小老鼠才是小舒最适合的丈夫。

5.卑微的生活意味着一种财富,只要它适合你发展,就可以给你带来幸福。

第34堂课　珍惜现在拥有的一切

本课要点:

让孩子明白现在拥有的一切是最真实的,一定要珍惜,千万不要等到失去了才后悔。快乐是一种没有成本的享受。拥有许多财富并不一定能拥有许多快乐,只有那些知足常乐和从成功中获得快乐的人,才能够享受到生活的乐趣。

一个与银行家比邻而居的鞋匠一天到晚都不停地唱着歌,对人总是笑脸相迎,他对自己的生活与工作都非常满意。银行家拥有万贯家财,时时对人存有戒心,很少与人往来,因为怕被偷,晚上更是睡不好,因此经常愁眉不展。银行家非常想知道鞋匠快乐的秘密,一日,将鞋匠找来并问他:“为什么你每天总是过得如此快乐?能否告诉我你一年赚多少钱?”鞋匠告

诉银行家:“先生,我从来不去计算我所赚的钱,只要每天有饭吃我就心满意足了。我的快乐并不是因为我拥有的很多,而是我要求的很少。”

在日常生活中,很多人都是心比天高,从来不珍惜自己已经拥有的东西,直到失去的时候,才觉得拥有的是最珍贵的。比如,当人们拥有健康的时候,很少有人会珍惜自己的身体,直到身体出现异常的时候才后悔;当人们年轻的时候,总喜欢把时间浪费在吃喝玩乐上,直到年老时发现自己仍是碌碌无为;当人们拥有亲情时,总会觉得亲人有时是一种累赘,直到失去亲人时才发现亲情的可贵。

事实上,每个人都不可避免要经历生老病死,生活就是珍惜现在拥有的一切。所有的不满只会让人觉得生活无味,而珍惜现在拥有的一切,以一颗满足的心去接受自己拥有的,这样的生活才会更加快乐和幸福。因此,我们必须告诉孩子,每个人都要满足于已经拥有的财富,珍惜现在拥有的一切,同时又不断挑战自我,为自己寻找更多的财富。

亲子小游戏——儿童福利院之行

游戏目的:让孩子看看其他孩子的生活遭遇,珍惜自己拥有的幸福生活。

活动内容:

1.带孩子去参观本市的儿童福利院,看看那些在福利院生活的孩子的情况。

2.最好请福利院的工作人员给孩子讲解一下福利院孩子的艰苦生活。

3.如果有条件,可以让孩子挑选一位孩子结对,让孩子用自己的零花钱去帮助这位福利院的孩子。

亲子小故事——“得不到”和“已失去”

从前,有一座圆音寺,每天都有许多人上香拜佛,香火很旺。

有一只小蜘蛛在圆音寺的横梁上结了张蜘蛛网,从此住了下来。每天,小蜘蛛跟着朝拜的人修炼,渐渐地有了佛性。

有一天,佛祖来到圆音寺,看到香火很旺,非常高兴。在佛祖要离开的

时候，他一抬头就看到了这只不一样的小蜘蛛。于是，佛祖对小蜘蛛说："你在这里修炼了1000多年，一定会有很多感悟。让我来问你一个问题吧！"小蜘蛛高兴地答应了。

佛祖问："你觉得世界上什么东西最珍贵呢？"

小蜘蛛想了想，说："世界上最珍贵的东西是'得不到'和'已失去'。"佛祖点了点头，高兴地离开了。

又过了1000年，小蜘蛛的佛性更深了。一天，佛祖又来了。看到小蜘蛛，他非常高兴，他说："你好啊，小蜘蛛，1000年前我问你的问题，你现在有没有更深刻的认识呀？"

小蜘蛛回答："我觉得世界上最珍贵的东西是'得不到'和'已失去'。"

但是，佛祖这次却并没有像上次那样露出满意的微笑，而是对小蜘蛛说："你再好好想想吧，我还会来找你的！"

就这样，小蜘蛛还在圆音寺修炼。

又过了1000年，小蜘蛛与屋檐下的露珠成为好朋友，两人总是形影不离。露珠总是为小蜘蛛去提水，让他能够解渴。刚开始的时候，小蜘蛛对露珠的帮助非常感激。但是，久而久之，小蜘蛛习惯了露珠每天为他提水，他觉得露珠为他提水是应该做的，没什么好感激的。只要有一天，露珠忘记给小蜘蛛提水了，小蜘蛛就非常生气。

有一天，露珠因为要参加天上的众仙大会，来得晚了一些。小蜘蛛直到下午才看到露珠给他提来一桶水，小蜘蛛愤怒地冲露珠吼道："你怎么总是忘记给我提水呀？像你这样的朋友一点都不值得珍惜。"

小蜘蛛的话深深地刺伤了露珠的心。她回到屋檐下，偷偷地哭了好一会儿。委屈的露珠决定离开小蜘蛛，去寻找其他的朋友。

从此以后，小蜘蛛再也喝不到露珠给他提的水了。渴得不行的小蜘蛛躺在蜘蛛网上奄奄一息。这时，佛祖来了，他对憔悴的小蜘蛛说："小蜘蛛，现在你觉得世界上最珍贵的东西是什么？"

小蜘蛛这时已经大彻大悟了，他对佛祖说："佛祖，以前我的想法是错误的，世界上最珍贵的东西不是'得不到'和'已失去'，而是自己拥有的幸

福生活。如果一个人不珍惜眼前的幸福生活，一旦幸福离开后，再后悔也来不及了！”

听完小蜘蛛的话，佛祖终于露出了满意的笑容。他和蔼地对小蜘蛛说：“小蜘蛛，你看，这是谁？”

奄奄一息的小蜘蛛睁开眼睛一看，露珠正高兴地看着自己。露珠对小蜘蛛说：“小蜘蛛，我们永远是好朋友！”

问孩子的问题

1. 你知道钱有什么用吗？

2. 钱是不是可以购买任何东西？

3. 露珠为什么要离开小蜘蛛？

4. 最后，小蜘蛛认为什么是世界上最珍贵的东西？

5. 你觉得世界上最珍贵的东西是什么呢？

参考答案

1. 钱可以用来购买各种物品。

2. 不是，许多东西是不能用钱来购买的，比如友谊。

3. 露珠觉得小蜘蛛并不珍惜他们的友谊。

4. 小蜘蛛认为自己拥有的幸福生活才是世界上最珍贵的东西。

5. 我觉得世界上最珍贵的东西有很多，包括现在拥有的生活，拥有的亲情和友情等。因此，我们一定要珍惜目前拥有的一切。

第35堂课　教孩子学会抓住时机

本课要点：

让孩子明白机会的重要性，教孩子在机会面前一定要冷静面对，切不可犹豫不决导致错失良机。

《世界名言博引辞典》有这样一段对话：

“你是谁？”

“我是征服一切的机遇。”

“你为什么踮着脚？”

“我时刻在奔跑。”

“你脚下好像长着双翼？”

“我在乘风而行。”

“你的前额为什么长着头发？”

“好让幸运者把我抓牢。”

“你的后脑勺为什么光秃秃的？”

“为了不让坐失良机者从背后抓住我。”

时机在人生中是很重要的，时机的特点就是稍纵即逝，需要人们有一定的辨别力，及时抓住它。及时抓住时机，往往能够事半功倍；相反，如果一个人没有及时抓住时机，损失其实是非常大的。

在日常生活中，父母怎样让孩子明白时机的重要性呢？

第一，父母要重视时机。许多父母往往会忽视教育孩子重视时机的作用，有些父母则认为，对于孩子来说，好像没有什么重要的时机。其实，对于孩子来说，在年幼的时候，抓住时机学习也是一种投资，即智力投资，如果等到长大后再去学习，在时间和精力上都会是一种损失。父母可以给孩子讲一些年幼时抓住时机读书而取得成功的人的故事，也可以从反面讲一些年幼时不肯读书，成年后却因为没有知识而找不到好工作而后悔的事例。

第二，父母要在重要的场合提醒孩子抓住时机。人的一生总会遇到许多重要的机会，对于孩子来说也是如此。比如，学校里的各种比赛，班干部的竞选等，这都是机会。众所周知，如果孩子能够有机会参加各种比赛并取得一定的成绩，如果孩子能够从小就担任班干部并从中得到锻炼，这对于孩子以后的成长是非常有利的。因此，当遇到这样的机会时，父母一定要鼓励孩子抓住时机，鼓励孩子去争取这样的机会。

第三，告诉孩子，面对机会时不可犹豫。

有这样一个故事：

二战时期，人们在逃跑时都想方设法变卖家产，但是，却没有人愿意买进。两个年轻的德国人看到这种情形，都认为这是发财的大好时机。因为

他们认识到，战争总是要结束的，不管谁胜谁负老百姓总还是要生活的。如果现在低价买进百姓急于变卖的这些东西，等战争结束时高价卖出，一定可以获取非常巨额的差价。

但是，这两个年轻人的行动却不一样。

一个人转念一想，这么多的东西买进后，万一遇到军队，这些东西极有可能被强占，这样，自己就白干了。因此，他选择逃到了乡下，放弃了这个经商的机遇。另一个则进行了详细的分析，最后决定采取行动，同时，他想好了怎样安全地保存这些东西。于是，他大量地收购人们变卖的东西，然后及时把这些东西转移到乡下。

战争结束后，两个年轻人又遇到了一起，这时，那个仍然贫穷的年轻人看着已经成为富翁的年轻人说："早知道我也应该收购那些东西呀！" 明明意识到这是个机会，但是却想再等一等，一段时间后机会就不会再光顾了，这是许多人都会犯的错误。

在日常生活中，当孩子在机会面前犹豫不决的时候，父母一定要鼓励孩子积极行动，努力去尝试，给自己一个机会，以免孩子事后后悔。

最后，让我们来看看美国石油大王洛克菲勒写给儿子的信中的一段话吧：

"孩子，机会对人们来说并不是个好把握的东西，人们可能会因为抓住机会而发迹、富有，也极有可能与机会擦身而过！看看那些穷人和不得志的家伙，你就会明白，他们中的很多人并不是无能的蠢材，也不是没有付出努力。阻挠他们成功的原因就是他们没有抓住机会。"

亲子小游戏——事半功倍与事倍功半

游戏目的：让孩子明白抓住机会与没有抓住机会的区别。

活动内容：

1.给孩子讲讲"事半功倍"这个故事的出处和意思。

战国时期，有个大思想家叫孟子，他有很多的学生。

有一次，孟子和他的学生公孙丑谈论统一天下的问题。他们从周文王谈起，说当时文王以方圆仅一百里的小国为基础，施行仁政，因而创立了丰

功伟业；而如今天下老百姓都苦于战乱，以齐国这样一个地广人多的大国，如能推行仁政，要统一天下，与当时周文王所经历的许多困难相比，那就容易得多了。

最后，孟子说："今天，像齐国那样的大国，如能施行仁政，天下百姓必定十分喜欢，犹如替他们解除痛苦一般。所以，给百姓的恩惠只及古人的一半，而获得的效果必定能够加倍。现在正是最好的时机呢！"

后来，人们便根据孟子所说的这两句话，引申为"事半功倍"，用来形容做事所花力量较小而收到的效果甚大。

2."事倍功半"的意思与"事半功倍"相反，指工作费力大，收效小。

3.叫孩子想想，生活当中有哪些事情可以用这两个成语来概括，为什么。

亲子小故事——白猫和黑猫

有一只白猫和一只黑猫，它们两个负责给主人抓老鼠。

这天晚上，主人把白猫和黑猫找来，对它们说："房间里有许多老鼠，今天晚上，你们负责把老鼠给我消灭掉！"

白猫和黑猫的工作开始了。他们两个开始注视着老鼠的洞口，希望在老鼠出来偷东西吃的时候消灭它。过了一会儿，老鼠一直没出来。这时，白猫想："刚吃完晚饭呢！老鼠不会这么早出来偷东西吃的，不如我先睡上一觉吧，等到半夜的时候，老鼠出来我就把它抓住。"

于是，白猫就找了一个软和的地方躺下来，不一会儿，他就呼呼睡着了。

黑猫盯了一会儿，心想："老鼠现在肯定肚子饿了，他一定在伺机出来偷东西吃，只要我守候在洞口，一定能够被我抓住的。只要我抓住老鼠，我就可以睡个安稳觉了。"于是，黑猫眼睛一眨不眨地盯着老鼠洞。

没过多久，一只小老鼠果然悄悄地溜了出来，它正要朝厨房走去，黑猫"嗖"地一下就把它逮住了。

老鼠挣扎的叫声惊动了白猫，但是，他眯着眼睛想道："这个黑猫，才抓住一只小老鼠。等我睡醒了，精力足了，就抓一个大老鼠给他看看。"想到

这里,白猫又闭上了眼睛。

不等黑猫吃完这只小老鼠,一只大老鼠又探出头来,黑猫又迅速地扑了过去,把这只大老鼠也捉住了。

就这样,在白猫睡觉的时候,黑猫已经抓住了四五个老鼠,吃得饱饱的。然后,黑猫就到一边睡觉去了。

这时,天已蒙蒙亮了。白猫的肚子咕咕叫了,它醒来正准备去抓老鼠。这时,主人来了,对它们说:“天亮了,家里有客人要来,你们俩到外面去玩。”

可怜的白猫尽管饿着肚子,还是被主人赶出了房间。

问孩子的问题

1. 为什么白猫没有抓到老鼠?

2. 你觉得老鼠一般什么时候出来寻找食物?什么时候抓老鼠比较合适?

3. 在生活当中,你有没有想做什么事情的时候却不能做的情况?

4. 从这个故事中,你明白了什么道理?

参考答案

1. 因为他在老鼠饥饿要出来觅食的时候却去睡大觉了。

2. 老鼠在肚子饿的时候就会出来寻找食物了。这个时候抓老鼠是最合适的时机了。

3. 略。

4. 这个故事告诉我们,不管做什么事情,都要抓住时机,在适当的时机做事非常容易,如果错过了时机再去做事就非常困难了。

第36堂课 教孩子了解“72法则”

本课要点:

让孩子明白积少成多的意义,学会复利的计算,灵活使用“72法则”计算投资回报。财富往往是积少成多的,复利的力量是相当大的。爱因斯坦曾说过:“宇宙间最大的能量是复利,世界的第八大奇迹是复利。复利是世

界上最伟大的力量。”在学习理财的时候，了解复利的运作和计算是相当重要的。复利的计算是对本金及其产生的利息一并计算，也就是利上有利。

把复利公式摊开来看，“本利和=本金×(1+利率)×期数”。这个“期数”(时间因子)是整个公式的关键因素，一年又一年(或一月又一月)地相乘下来，数值当然会愈来愈大。

复利计算的特点是：把上期的本利和作为下一期的本金，在计算时每一期本金的数额是不同的。

但是，计算复利的公式比较复杂，在现实生活中，我们不可能使用复利的计算公式去做。如果想要简单地计算复利，则可以使用“72法则”。所谓的“72法则”是衡量资本复合成长速度的投资公式：

资本增加一倍所需年数=72÷预期投资报酬率；

或　　预期投资报酬率=72÷资本增加一倍的预期年数

简单地说，“72法则”就是以1%的复利来计息，经过72年以后，你的本金就会变成原来的1倍。同样，如果年报酬率在2%，那么，经过36(72/2)年，本金就可以变成原来的1倍。如果年报酬率在4%，那么，经过18(72/4)年，本金就可以变成原来的1倍。

当然，如果想要在10年内使本金变成原来的一倍，那么，需要选择的投资报酬率应该是7.2%(72/10)。如果想要在5年内使本金变成原来的一倍，那么，需要选择的投资报酬率应该是14.4%(72/5)。

亲子小游戏——假如我有1万元

游戏目的：让孩子学会熟练使用“72法则”计算投资报酬及年限。

活动内容：

1.假如你有1万元，把这1万元以定期1年的方式存入银行，到期后自动转存，1年期的利率是3.87%(不减利息税)，那么，需要多少年，1万元才能变成2万元？

2.假如你有1万元，把这1万元以定期3年的方式存入银行，到期后自动转存，3年期的利率是5.22%(不减利息税)，那么，需要多少年，1万元才能变成2万元？

3. 假如你有1万元，想要在5年内把这1万元变成2万元，那么需要选择投资报酬率为多少的理财产品？

亲子小故事——复利的魔力

从前，有一个皇帝，他非常喜欢一项称为围棋的游戏，因此他决定奖励这项游戏的发明者。

皇帝把这个发明者召入宫内，并问发明者想要什么样的奖赏。

发明者说："我什么都不要，只要一些米。"

皇帝觉得这个发明者的要求真简单，就高兴地说："没问题。那么，你要多少米呢？"

发明者说："我希望在这64格棋盘上都放上一定的米，规则是这样的：第一格上放1粒米，第二格上放2粒米，第三格上放4粒米，第四格上放8粒米……以此类推，每一格上的米粒数是前一格的两倍，直到放满整个棋盘为止。"

"好的！"皇帝高兴地答应了。于是，皇帝请其他大臣把米拿来，开始在棋盘上放米粒，每放一格便倍增米粒的数量。

一位大臣开始在第一排放米粒，第一排8个格的米粒分别是1、2、4、8、16、32、64、128粒。旁边观看的其他大臣开始指指点点，嘲笑发明者。

但是，当放到第二排中间时，大臣们的嘲笑声渐渐消失了，而被惊讶声所代替。因为，第二排8个格的米粒已经变成256、512、1024、2048、4096、8192、16384、32768粒。小堆的米不久就变成了小袋的米，然后倍增成中袋的米，再倍增成了大袋的米。而后面还有48个格子空着！

皇帝意识到这样下去，全国的米都不够奖赏给这位发明者，于是不得不终止了这个游戏。后来，皇帝召来全国最聪明的数学家，他们通过计算得出，一粒米在64格棋盘上倍增后，仅最后一格棋盘就需要约9×10^{18}粒米，总数相当于全国米粒总数的10倍！

最后，皇帝向发明者提出建议，把奖赏改为上千公顷富饶的土地和庄园。发明者高兴地接受了奖赏。

问孩子的问题

1.发明者运用的是什么原理?

2.一开始皇帝为什么答应了他的要求?

3.发明者的要求最终得到满足了吗?

4.这个故事告诉我们什么?

参考答案

1.发明者运用的是复利的原理。

2.皇帝认为几粒米再怎么增加也不会太多。

3.他的要求根本不可能得到满足。

4.发明者只不过是想跟皇帝开个玩笑而已,但他却揭示了复利的魔力。如果我们能够掌握复利的原理,就可以更好地理财。

第37堂课　教孩子正确认识广告

本课要点:

让孩子明白广告的销售作用,认识到购买行为要建立在真正的需求之上,而不是盲目地接受广告的引导。

“妈妈,我要喝娃哈哈果奶!”

“妈妈,我要吃肯德基!”

“妈妈,我要喝酸酸乳!”

父母们可能会奇怪,小孩子总会要一些新奇的东西,真不知道孩子为什么会要这些东西。实际上,孩子们正是从广告上得到这些物品的信息,然后要求父母购买的。

四岁的小男孩兴奋地跑到正在洗碗的妈妈的身边,上气不接下气地说:“妈妈!我要买变形金刚,你知道吗?现在去买两个可以赠送一个呢!”

五岁的孩子军军对广告特别感兴趣,什么广告语他都会说。每说一个新的广告,他总是缠着妈妈给他买这个商品。妈妈说:“这孩子脑袋里整天都是一些稀奇古怪的广告。广告里有什么他就闹着要什么,小孩子吃的各种果奶、糖果、火腿肠等,我几乎都给他买过。有一次,孩子竟然对我说,

‘妈妈,我也要用妇炎洁……妇炎洁,洗洗更健康。’搞得我哭笑不得。”

早在1954年,美国的一项研究发现,儿童在超级市场购物时,只选择在电视广告中见过的品牌,尤其是他们购买零食或饮料时,大多数儿童只购买广告上出现过的商品。

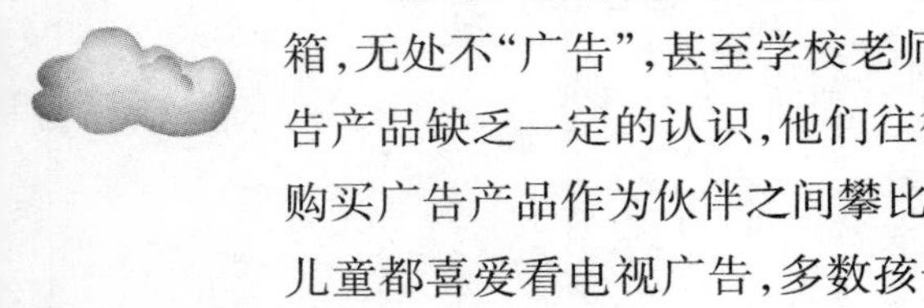

现代社会,广告已经深入到生活的各个角落。电视、广播、路边广告箱,无处不“广告”,甚至学校老师都会推荐一些广告产品。孩子们对于广告产品缺乏一定的认识,他们往往会非常相信广告所描述的内容,甚至把购买广告产品作为伙伴之间攀比的内容。一项调查数据显示,高达73%的儿童都喜爱看电视广告,多数孩子对广告词耳熟能详,且常常把广告语挂在嘴边。有时候,孩子对于广告的信任甚至超过了对父母的信任。一位孩子缠着父母给她买黄金搭档。父母不同意,她就振振有词地说:“人家广告都说了,吃了黄金搭档才会聪明,我这么笨,就是因为你没给我吃黄金搭档。”搞得父母哭笑不得。更严重的是,广告往往加剧了儿童的购买欲望,许多儿童就是因为看了广告才对父母提出自己的购买要求。如果父母拒绝孩子,70%的孩子会与父母发生冲突,这会让父母感觉非常难堪,尤其是在公共场合。

中国少儿研究杂志社社长刘秀英认为,现代广告传媒因为有自身的利益在其中,因此对少年儿童的影响考虑得较少。一般来说,幼儿园的孩子受广告影响最严重,当孩子上了小学,他对广告的注意程度和信任程度就会有所降低,但是,广告对孩子的负面影响还是很严重的。正因为现代广告往往夸大其词,给孩子造成许多负面影响,父母一定要采取积极预防和应对措施,引导孩子正确认识广告。

第一,父母要重视广告对孩子购买欲望的影响,引导孩子正确认识广告。父母要让孩子明白,广告只是一种宣传和传播的手段,广告往往强调产品的优点。实际上,产品好与不好,需要我们自己去观察、体验。而且,不管广告做得怎样,对于消费者来说,都不应该盲目购买,而是要根据自己的需要进行购买。尤其是购买大件商品时,更应该只把广告作为参考,要了解其他人都在使用哪种产品,这些产品的效果如何,然后自己到多家商

店去比较一下产品的优缺点，而不是单纯接受某些广告的误导，从而出现不理性的购买行为。

第二，减少孩子看电视的时间。越来越多的研究表明，电视对孩子的负面影响正在加强。孩子收看电视的时间越长，受广告的影响就越大，尤其是年龄越小的孩子越容易受到广告的负面影响。如果一味地把孩子留在家中，孤独的孩子往往与电视为伴。

多数孤独症儿童的共同特点，就是喜欢看广告。他们最喜欢拿着遥控器"叭叭叭"地按电视频道，看各种广告片光线与色彩的变换。久而久之，那些广告词烂熟于心。因此，父母要多关心孩子，不要把孩子一个人丢在家里或者总是让孩子在家里玩。应该多带孩子到郊外，进行一些有意义的活动。

第三，与孩子一起看电视，引导孩子正确理解广告的意图。在孩子看电视的时候，父母最好能够陪伴左右，对于电视中出现的虚假广告等，及时告诉孩子，让孩子对广告建立正确的认识。比如，在孩子非常投入地观看电视购物节目时，不妨这样问问孩子："你觉得它是在鼓励大家购买吗？""这个东西真正的用处在哪里？"这种提问有助于孩子去思考广告的夸张作用。

然后，你可以告诉孩子，广告只是按人们的喜好来推销产品。尤其是出现与孩子相关的商品时，你更应该向孩子指出，广告商只是根据孩子们最喜欢的方式来宣传玩具，其实这个玩具并不好玩，也没有开发智力的作用。

当然，如果与孩子一起看广告时，出现一些比较成人化的广告或者成人用品的广告，父母更应该及时向孩子解释。比如，当看到某口香糖广告时，可以告诉孩子，这个广告是做给大人看的，这种口香糖也是卖给大人的，不是卖给孩子的。再比如，当看到妇女用品的广告时，可以告诉孩子，这是成年女性用的东西，小孩子不用太关注。尽管孩子的理解能力和思维能力有限，但是，如果父母能够经常向其说明广告的意图并表达自己的观点，孩子会逐渐接受正确的思想的。

第四,拆穿电视广告常用的手法。许多广告总是掩盖产品的缺点,或者隐瞒一些不便之处,片面夸大产品的优点,而且,电视中出现的产品往往特别完美,等到买回家时才发现许多不尽如人意之处。因此,父母要告诉孩子,广告是用什么方式来吸引人的,实际上会有什么"后遗症"存在。比如,广告惯用的伎俩有:故意遗漏相关信息;夸大优点,缩小缺点;强调产品在特定环境下的优点,没有表明在家庭的普通环境中的使用效果;通过赠送小礼品来吸引注意力等。

第五,购买一些质量较好的替代产品。如果真正需要购买一些用品,尤其是购买一些与孩子相关的用品,可以先问问你的孩子,让他想象一下可以购买哪种商品。

比如,要购买一些孩子吃的食品,可以问问孩子要购买哪种食品。很多孩子会提出自己的看法,然后,你就可以根据孩子的回答来提出一些重要的问题:"你为什么想买这个食品?是不是你在电视上看到这个食品的广告了?是不是你觉得这个食品的广告做得好玩所以就想购买它?""你知道其他小朋友有没有吃过这种食品?这种食品好吃吗?有营养吗?"这些提问可以帮助孩子认真思考广告推销的原因。当然,如果这个食品品质确实不错,父母不妨购买它,然后告诉孩子,购买这个食品的原因是因为它的品质确实不错,让孩子建立起购买行为需要根据产品的质量作决定的基本概念。

第六,不要拒绝购买孩子真正有需要的东西。当孩子真正需要购买一些物品的时候,父母不要直接拒绝孩子,尤其是在公共场合。与孩子争执要不要买的输家往往是家长。明智的做法是,进商场之前先与孩子"约法三章",哪些物品不能买;哪些物品允许购买,但是不能购买过量;哪些物品不能购买这种品牌,而是要购买那种品牌等。适当满足孩子的需要很重要,这有利于孩子知道父母对自己的要求是认真对待的,孩子也会自觉控制自己的行为,从而逐渐培养起孩子的自控能力。

亲子小游戏——做一个产品广告策划

材料:准备一个孩子喜欢的物品。

游戏目的：让孩子在广告策划中了解到广告的夸张性，从而学会理性对待广告。

活动内容：

1.让孩子列举这个物品的优点，并用有感染力的语言来描述这些优点。

2.让孩子列举这个物品的缺点，问问孩子，要不要在广告中把缺点描述出来。

3.让孩子为这个物品想一句简短的广告语。

4.让孩子用一段话为这个物品设计一个对话型的广告。

亲子小故事——广告的作用

一个犹太出版商有一批滞销书久久不能脱手，这样积压下去他就要面临破产了。怎么办呢？这位犹太人绞尽脑汁想出了一个主意：给总统送去一本书，并三番五次去征求意见。忙于政务的总统不愿与他多纠缠，便回了一句："这本书不错。"于是，出版商便大做广告："现有总统喜爱的书出售。"这样的广告语当然非常吸引人了，大家都想看看总统喜欢的书是什么样子的，于是这些书很快就被一抢而空。

不久，这个出版商又有书卖不出去，又送了一本给总统。总统上过一回当，想奚落他，就说："这书糟糕透了。"出版商闻之，脑子一转，又做广告："现有总统讨厌的书出售。"又有不少人出于好奇争相抢购，书又一次售尽。

第三次，出版商将书送给总统，总统接受了前两次教训，便不作任何答复。但是，聪明的出版商还是大做广告："现有令总统难以下结论的书，欲购从速。"这一次，书居然又被一抢而空，总统哭笑不得，商人却大发其财。

问孩子的问题

1.犹太出版商为什么要让总统看看这本书？

2.总统确实喜爱那本书吗？为什么人们会疯狂地购买"总统喜爱的书"？

3.为什么"总统最讨厌的书"也会有人争相购买？

4.总统什么话都没说，为什么还是替出版商做了广告？

5.你觉得广告有什么作用？我们应该怎样对待广告商品？

参考答案

1.他想借总统的身份来推销书。

2.不是,总统只是不愿意与出版商纠缠,才勉强回答“这本书不错”。经过出版商的夸张,“这本书不错”变成了“总统喜爱的书”,人们都想知道总统喜欢的书是什么样子的,在好奇心的驱使下,人们都疯狂地去购买这本“总统喜爱的书”。

3.人们在好奇心的驱使下,都想知道总统最讨厌的书是什么样子的。

4.出版商总是故意歪曲总统的意思,把总统不作任何回答宣传为“总统难以下结论”,这又引起了人们的好奇,结果,书又被一抢而空了。

5.广告可以宣传商品,让消费者了解商品,并进而购买商品。但是,广告往往是夸张的,有时候甚至是歪曲事实的。因此,我们在对待广告商品的时候,一定要头脑冷静,不要光看广告中的宣传,而是要注重商品的真正价值。否则,我们会像故事中的人们一样,受到欺骗。

第38堂课 教孩子学会识别假冒商品

本课要点:

让孩子明白并不是每一种商品都是合格商品,购买商品的时候需要擦亮眼睛去识别,购买品牌正宗,质量较好的商品。

在现代社会,不法分子为了牟取暴利,总是喜欢制造一些假冒伪劣商品来欺骗我们。由于科学技术的发展,假冒伪劣商品的伪装性也越来越强,大部分人都有过购买假冒伪劣商品的经历。这让我们感到非常恼火,但是,我们却无法制止假冒伪劣商品的出现,我们能做的只有擦亮眼睛,及时识别假冒伪劣商品,不去购买这些商品。

现在,越来越多的商家在孩子身上打主意。从营销学的角度来说,儿童的钱是最好挣的。对于这种情况,父母一定要教孩子学会识别假冒商品。

第一,正确识别商品的商标及各种标志。

1.商标。

正规的商品都有自己独特的商品标志，而假冒商品往往没有商标标志，有的即使有商品标志，也与正规的商品标志有所不同。

2.外包装。

正规商品在外包装上都印有产品名称、生产批号、生产厂家、厂家地址、生产日期、合格产品标志等，而假冒商品往往不标志或者少标志。正规商品的外包装一般做工精细、色彩鲜艳，而假冒商品的外包装往往做工粗糙、字迹模糊、色彩暗淡。正规商品的外包装封口往往比较平整，而假冒商品的外包装封口则大多不平整。

3.特有标志。

有些正规的名优商品往往有特殊的标志，而假冒商品则没有这些标志。

4.售货单位。

正规的名优商品往往只在商场和专卖店里销售，而假冒产品往往在批发市场及个人摊位等处销售。

第二，正确识别伪劣食品。

食品在我们日常生活中是最重要的商品之一，教孩子学会正确识别伪劣食品非常重要。以下这些伪劣食品尤其需要教孩子正确识别。

1.泡水蔬菜。

泡过水的蔬菜表面上看很肥壮，水淋淋的，好像很新鲜。其实，用水浸泡过的蔬菜不仅增加了菜的重量，而且极不容易保存。如果黑心摊主用化学药水来浸泡蔬菜，还会严重威胁人的身体健康。识别泡水蔬菜的方法是：把蔬菜的茎折断，如果看到断面有水分渗出就是泡水蔬菜。

2.注水肉。

注水肉表面上看上去很鲜嫩，实际上是注水的结果。注水肉不仅增加了重量，而且也会影响肉的口感。识别注水肉的方法是：注水肉的表面特别鲜嫩；用手摸会感觉有较多的水分；用干燥的纸张贴在肉的表面上，纸张马上就会被湿透。

3.灌水鱼。

灌过水的鱼一般肚子较大,分量较重。识别灌水鱼的方法是:抓住鱼头,把鱼提起来,鱼肚皮上的肛门会向下方两侧下垂,如果用手指插入鱼的肛门,然后抽出手指,水分就会马上流出来。

4. 化肥豆芽。

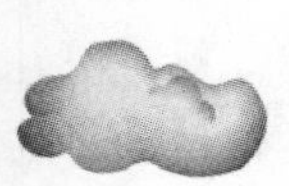

化肥豆芽是用化肥催熟的,往往显得特别肥大,长期食用这种豆芽会严重影响人的身体健康。识别化肥豆芽的方法是:化肥豆芽的根较短,或者没有根,如果将豆芽折断,断面会有水分冒出,并散发化肥的气味。

5. 充水油豆腐。

充水油豆腐看起来个很大,实际上里面充满了水分。识别充水油豆腐的方法是:充水油豆腐边色发白,用手抓捻油豆腐,不容易马上恢复原来的形状,反而一捻就烂,并且有水滴下来。

第三,识别假冒商品的常用方法。

1.眼观。

眼观是最常用的方法。观察商品的外形或者外包装,假冒或者伪劣的商品在外观上总有不一样的地方。

2.手摸。

手摸的方法也可以识别一些假冒伪劣商品。质量较差的商品往往做工粗糙,有时候用手拍打会察觉出区别。

3.鼻闻。

假冒伪劣商品往往会有一股臭味或者怪味。

4.专业检验机构检测。

如果靠以上的方法无法识别,还可以去专业的检验机构检测。

亲子小游戏——正确识别人民币

材料:不同面额的人民币。

游戏目的:让孩子学会识别人民币的一些方法。

活动内容:

1.看水印:大面额真币于紫外光下能见到水印图案,而且纸质优良、挺括耐磨;假币纸质较软且无水印图案。

2.看版纹：人民币采用手工雕刻的方法制作版面，图案是由点线组合的版纹，复杂而精巧；假的制版无法与原版纹完全相同，图像必定模糊。

3.看印刷：真币以凹版印刷为主，版纹深、油层厚；而假币是用平版印刷的，无版纹，图案容易失真，光洁度差。

4.看油墨：真币的油墨是专门配制的，能耐酸、耐碱、耐晒和耐磨；假币的油墨颜色不可能完全相同。

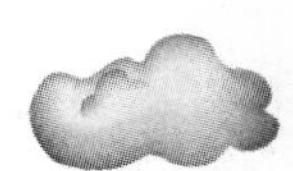

亲子小故事——自尊比金钱更重要

1914年的一个寒冷的冬天，美国加州沃尔逊小镇来了一群逃难的流亡者，人们纷纷伸出援助之手，给他们送去了食物。这些人见到有食物，抓起来就吃，甚至忘记对那些善良的人们说一声谢谢。

只有一个年轻人例外。尽管他早已饥肠辘辘，但是，他没有像其他人那样一哄而上去抢食物吃。看着其他人狼吞虎咽地吃着食物，这个瘦骨嶙峋的年轻人却沉思起来。

镇长杰克逊见到这个年轻人站在一边，就拿了一些食物向他走去。

当这个年轻人看到善良的镇长把食物递给自己时，竟然说："先生，我吃您这么多东西，你需要我帮你干什么活吗？"

杰克逊镇长微微一笑说："不，我没有什么活需要你做。你快吃吧！"

听了镇长的话，这个年轻人一下子就泄气了，他说："那我不能随便吃您的东西，我需要用自己的劳动来获得食物。"

看到这个年轻人这么有尊严，杰克逊镇长想了一下，说："哦，我想起来了，我确实有一些活儿需要你帮忙，不过，你先吃东西，一会儿再帮我干活。"

"不，我想现在就干活，等干完了活，我再吃您的食物。"年轻人坚持道。

杰克逊镇长沉思了一会儿，对他说："年轻人，你愿意为我捶背吗？"

"愿意。"说着，年轻人就认真地为镇长捶起背来。

过了一会儿，杰克逊镇长站了起来，他对年轻人说："年轻人，你捶得棒极了，现在，你可以享受你的食物了。"年轻人这才接过杰克逊镇长递过来的食物。

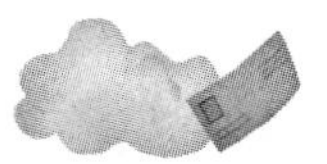

后来，这位年轻人留在杰克逊镇长的庄园里干活，他总是干得非常认真，不久就成为庄园里干活的好手。

两年后，杰克逊镇长把自己的女儿玛格珍妮许配给了他。杰克逊镇长对女儿说："别看他一无所有，可他百分之百是个富翁。因为他有尊严！"

果然不出杰克逊镇长所料。20年后，这位年轻人真的成为亿万富翁。

这位年轻人就是后来赫赫有名的美国石油大王哈默。

问孩子的问题

1. 哈默肚子已经很饿了，他为什么还要帮杰克逊镇长干活？

2. 杰克逊镇长让哈默干了什么活？哈默干得怎样？

3. 后来，杰克逊镇长为什么会把自己的女儿许配给哈默？

4. 你觉得哈默从一穷二白到拥有亿万财富的石油大王，靠的是什么？

参考答案

1. 他觉得自己不能随便吃别人的东西，而是应该用自己的劳动来获得食物。

2. 杰克逊镇长让哈默帮他捶背，哈默干得非常认真。

3. 因为杰克逊镇长觉得哈默是个有自尊的人，他不愿意接受他人的施舍，而是努力用自己的劳动去创造美好的生活，这样的人是很可靠的。

4. 哈默最终能够成为美国石油大王，靠的就是强烈的自尊和辛勤的劳动。

第39堂课　教孩子学会比价

本课要点：

让孩子明白购买商品应该通过适度的比价来减少支出，从而使钱发挥最大的效用。

在生活中，我们在购买商品的时候，总是会对商品的价格进行比较。有时候，同一个商品在一家店里卖5元，在另一家店有可能只卖4元。这有可能是店面位置的原因，或者店面大小的原因，有时候则是商家促销的原因。但是，这种实惠对于购买者来说却是实实在在的。一般来说，小店比

大店中的商品便宜，超市比商场便宜，反季节的东西卖得更便宜。如果懂得货比三家，往往能够买到物美价廉的商品。

有时候，我们需要一种物品，但是，这种物品的品牌有许多种，不同的品牌有不同的价格。尽管价格和质量成一定的比例，但是，在现代社会，价格与质量并不一定成正比。我们在购买商品的时候，并不是越贵越好。事实上，许多品牌正是看到人们追求时尚的心理，给品牌赋予时尚的色彩，从而提高商品的价格。而对于真正会理财的人来说，购买时往往会选择那些物美价廉的商品。

大部分人都习惯于比价后购买商品。因为我们知道要用最少的钱来购买最需要、最合适的商品。但是，对于孩子来说，他们不知道这个道理。这就需要父母在日常生活中引导孩子进行比价，让孩子学会用最少的钱去购买自己最需要的商品。

第一，让孩子明白购买商品前要先问价格。

告诉孩子，对于需要购买的商品，不要急于购买，要多到其他的商店看看，然后决定购买哪种，到哪家购买。让孩子明白，比价先要比价格，然后在同样价格下比质量和款式等。

第二，带孩子到商店进行实地比价。父母可以带孩子到不同的两家店里，引导孩子看他最感兴趣的商品的价格，然后让孩子进行比较两家店同种商品的价格是不是一样，并引导孩子进一步思考为什么会不一样，以及如果需要这件商品，应该到哪家店购买。

第三，让孩子品尝比价得到的实惠。当然，通过带孩子去比价后购买的物品往往会余下一些钱，父母不应该留着这些钱，而是应该给孩子，让孩子得到比价后的实惠，这样会起到鼓励孩子通过比价购物的作用。

一位妈妈带着9岁女儿文文去买呼啦圈，聪明的妈妈带着女儿走了好几家

店,有体育用品店、大商场和超市等。她引导女儿观察各种呼啦圈的外形、质量和价格。最后,母女俩在一家大型超市买了一个称心如意的呼啦圈,而且价格还比体育用品店便宜5元,比大商场便宜8元。于是,这位妈妈就用省下的8元钱为女儿购买了她向往已久的小皮球,目的是让女孩明白在比较价格后得到的实惠。女儿非常兴奋,从此以后,每逢妈妈去买东西,她都会提醒妈妈要"货比三家"。

第四,比价时,要注意时间与金钱的关系。

如果商品价格很便宜,就不需要进行比价,这样会花去很多时间,时间也是一种金钱。

亲子小游戏——比比谁的东西物美价廉

材料:给孩子寻找一个年龄差不多大的伙伴。

游戏目的:让孩子通过购物实践学会比价和合理消费。

活动内容:

1. 首先,两家家长商量好,给两个孩子同样数额的钱,让两个孩子在同一时间去购买同一种物品,不要求品牌和价格,让孩子自由选择。

2. 其次,两个孩子与两家家长聚在一起,比比谁家的孩子购买的物品既实用又便宜。

3. 最后,总结一下购物需要注重的因素是价格还是质量,讨论怎样才能购买到物美价廉的物品。

亲子小故事——富翁

有一个地方,当孩子还睡在摇篮里的时候,长辈就要教训他们说:"孩子,你们要克勤克俭过日子,专心一意想法弄到钱,装满你的仓库,你就成为富翁了。你就有一切权力,你什么事都不必去做,需要什么,花钱去买就是了。待你成了富翁,你就有福了!"凡是拿这一番话来教训孩子的,大家一致称赞,说是好长辈。

有一天,一个石匠为了给富翁造房子,到山里去开石头,忽然发现了一个非常大的宝库,有几百亩宽,几百丈深,全是黄橙橙的金子。他快活极

了，心想这样的好运竟让他给碰上了，谁能料到成为富翁就在今天！他赶紧跑回去，召唤全家老幼，力气大的挑箩筐，力气小的提篮子，共同到山里去取金子。从清早直忙到天黑，全家老小都累坏了，算一算所有的金子，已经超过了最富的富翁。石匠心里想：现在我是第一富翁了。尊贵的舒坦生活从明天就要开始。明天我就不用做工了，好不快活！

第二天，石匠不再去采掘金子，因为他已经成了第一富翁。消息传到别人的耳朵里，谁都知道这是成为富翁最简便的方法。于是大家都放下自己的工作，全都扶老携幼到山里去采掘金子。大家顾不得疲乏，直到挖到的金子超过了第一富翁才肯停手。大家都藏足了金子，自以为是“第一富翁”，可是矿里的金子却只减少了十分之二三。

才几天工夫，那个地方的人都成了富翁。富翁照例用不着做工，这是何等幸福呀！可是从来没有见过的奇怪事儿发生了。那些新成为富翁的人想：自己既然成了富翁，不可不买几身华丽的衣服，把自己打扮成富翁的样子。他们就带着满口袋的金子去服装铺买衣服。那些衣服是多么讲究呀，从前只能站在玻璃窗外边向里面看一两眼，如今可要迈着大步踱进去，随心所欲地挑选几身中意的绸袍缎褂，好不威风。他们越想越得意，谁知道走到服装铺门口才发现服装铺歇业了。原来服装铺的老板也挖到了不少金子，新近成了富翁。他一家老小都穿上了本来预备卖的华丽衣服，正打算唤来一班轿夫，全家坐了轿子去剧场看戏呢。富翁们想，服装铺全歇业了，买现成衣服是没有希望了，不如到纺织厂去，剪些称心如意的好料子，让裁缝连夜给做。他们就一同奔向纺织厂，谁知道纺织厂前静悄悄的，找不到一个看门的人；往日轰隆轰隆的机器声也不知道哪里去了。高大的烟囱里，向来一口一口地喷出浓烟，把天空都染黑了；现在却可以望见明净的天空，烟囱口上还歇着无数麻雀。他们买不着料子，只好去找裁缝商量，请他帮忙想办法，只要弄得到华丽的衣服，不论要多少金子，他们都愿意出，裁缝笑着说：“我跟你们一样，正想弄几身新衣服穿呢。至于金子，谁还稀罕它！我也成了富翁了，我的钱袋里、箱子里、仓库里都装得满满的了。”

他们完全没有料到，更加严重的恐慌跟着来到，使所有的富翁不但再

也笑不出来，连哭的力气也没有了。他们家里积蓄的粮食不久就吃完了，照过去的惯例，只要带着一口袋钱到粮食店去买就是了。谁知道竟然有这样意想不到的事儿，粮食店的老板正带着金子，也要到别处去购买粮食，因为他家的粮食也吃完了。大家说："咱们一块儿走吧。"可是到了好几家粮食店，情形都一样。结伴同行的越来越多，他们带着很重的金子，走到东又走到西，大家喘着气，浑身冒汗，湿透了衣服，还是找不到一家开业的粮食店。

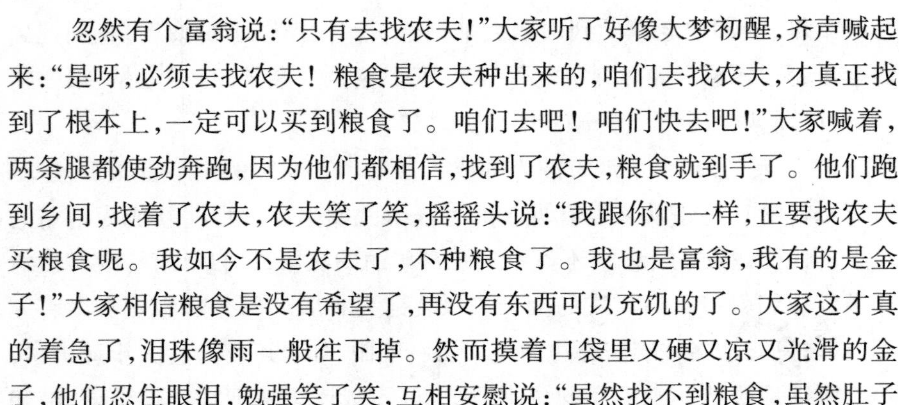

忽然有个富翁说："只有去找农夫！"大家听了好像大梦初醒，齐声喊起来："是呀，必须去找农夫！粮食是农夫种出来的，咱们去找农夫，才真正找到了根本上，一定可以买到粮食了。咱们去吧！咱们快去吧！"大家喊着，两条腿都使劲奔跑，因为他们都相信，找到了农夫，粮食就到手了。他们跑到乡间，找着了农夫，农夫笑了笑，摇摇头说："我跟你们一样，正要找农夫买粮食呢。我如今不是农夫了，不种粮食了。我也是富翁，我有的是金子！"大家相信粮食是没有希望了，再没有东西可以充饥的了。大家这才真的着急了，泪珠像雨一般往下掉。然而摸着口袋里又硬又凉又光滑的金子，他们忍住眼泪，勉强笑了笑，互相安慰说："虽然找不到粮食，虽然肚子饿得难受，但是咱们有的是金子，咱们到底都成了富翁了。"

所有的富翁都饿得不成样子了。他们头枕着装满金子的口袋，手里拿着小块的金子想送进嘴里去啃，可是他们全身一点劲儿也没有，再也不能动弹了。他们的喉咙里却还能发出又轻又细的蚊子般的声音，他们还在念诵自幼听惯的长辈的教训："待你成了富翁你就有福了！"

问孩子的问题

1. 为什么穷人的祖先会对孩子们说："待你成了富翁，你就有福了！"
2. 为什么当穷人们成了富翁后，还是被饿死了？
3. 这个故事告诉我们一个什么道理？
4. 你觉得这个故事给你什么启示？

参考答案

1.因为在穷人心里,只要拥有了钱,拥有了财富,就等于拥有了一切权力,什么事情都不必去做,需要什么花钱去买就是了。

2.因为成为富翁的穷人不再干活了,当所有的人都成为富翁后,就没有干活的人了,包括没有人去种粮食。总之,人们虽然钱很多,但是,买不到东西,结果这些成为富翁的人只好活活被饿死了。

3.这个故事告诉我们:不要总是以为富翁过的都是幸福的生活,如果大家都成为富翁,没有人再去工作,即使再富,也只能饿死或冻死。美好的生活是需要我们用劳动来创造的,只要我们用劳动换来美好的生活,即使我们不是富翁,生活照样很精彩。

4.我们现在正处于青少年期,家庭的富有并不代表我们有权利去享受生活中的一切,而不做任何事情。我们需要努力学习,掌握科学知识,即使以后我们通过努力而成为有钱人,也应该更加努力去工作,为祖国作贡献,为人类造福,实现自己的人生价值。

第40堂课　教孩子学会还价

本课要点:

让孩子明白购物时应该根据物品的价值进行购买,对于有些价格过高的商品可以通过还价等方式来获得。

每一位父母都非常熟悉这样的场面。

孩子正在看电视,已经做好饭的妈妈开始喊:"快来吃饭!"

孩子则说:"再等一会!"

妈妈说:"快点,电视有什么好看的,先吃饭!"

孩子说:"马上就好了,再等一会!"

妈妈有点恼火了:"你到底要不要吃饭?不吃就算了!"

最后,孩子在无奈中只好关掉电视来吃饭。

在这个场景里,妈妈与孩子无意当中进行了一场讨价还价。妈妈叫孩子吃饭,孩子开始不断地"还价",最后,妈妈与孩子在讨价还价中达成最后

的一致。可见,还价是人与人交往的一种常见手段。

当然,还价是购物当中常用的一种方法。善于还价的人往往能够购买到物有所值的物品,而不善于还价的人往往是花费了大量的钱才能购买到同样的物品。

作为成人,我们在购物的时候往往会还价,以用最少的价格购买到同样的商品。目前,有些商场也允许有小范围内还价。因此,还价作为一种理财的方法必须教给孩子。

怎样教孩子还价呢?

第一,让孩子树立购物之前先还价的意识。

有些父母会觉得善于还价的孩子过于势利。实际上,还价与势利并不是一回事。善于还价只是用最少的钱购买到需要的商品,这是从价值学的角度来说的。如果物品的价格低于了本身的价值,卖家是不可能卖的。因此,还价的人是不可能占到便宜的,只是尽可能地压低卖家的利润,减少自己的支出。

第二,在日常生活中允许孩子讨价还价。

孩子天生有还价的本领,就好像前文开头场景中描述的那样。孩子善于还价,其实表现了孩子争取自己权益的意识。对于父母来说,应该允许孩子还价,给孩子一定的民主。如果一味地专横独断,孩子往往会产生逆反的心理。

第三,教给孩子一些还价的策略。

准备对想要购买的物品还价的时候,要掌握一定的策略。

1. 了解物品的真实价值。

对于自己要购买的物品,最好先进行比价,了解物品的真实价值,这样可以在还价的时候胸有成竹。

2. 对物品表示不满。

即使是已经打算购买这个物品,仍然不要表现出非常想买的样子,而是要仔细查看物品,指出物品存在的缺点和自己对物品的不满,这样可以诱使卖方主动让价。

3.故意拖延时间。

决定购买物品时,可对物品提出各种各样的问题,即使没有问题,也可以适当拖延时间以表示自己还需要权衡一下才能作出购买的决定。一般来说,卖方在耗费大量时间后,往往希望促成这笔买卖,因此容易在一定范围内让价。比如,在权衡后开出一个自己可能接受的最高价,如果卖方还在犹豫,则可以缓步离去,卖方往往会叫住顾客,同意买方开出的价格。

4.直接找店主。

如果要购买大件商品或者贵重商品,还价时一定要直接找店主,与店主直接讨价还价不仅能够让对方感觉到你要购买的诚心,而且往往能够获得更大的让步。

亲子小游戏——退换商品

游戏目的:让孩子学会与商家打交道,争取自己的合法权益。

活动内容:

1.如果父母有需要退换的商品,要求孩子去退换,或者父母陪同孩子一起去退换。

2.带上商品的发票(购买商品时,应该要求商家开具发票,发票上应注明商品名称、规格、单价、总价和购买日期,同时要求商家盖上章),提供商品完整的包装材料,在三保期内去退换。

3.教孩子陈述退换商品的原因。比如大小不合适、规格不对等,一定要心平气和,不能与商家起冲突,尤其不要在质量上找原因(因为如果是质量问题,应有相关部门的质量检测)。

4.商家调换后的商品,应在发票上注明情况和日期,以顺延三保期。

亲子小故事——农夫做生意

有一个农夫,由于庄稼种得好,生活过得很惬意,村里的人因此都夸他聪明。后来,有人断言,既然农夫这么聪明,只要他做生意,就肯定能发大财。

听人家这么说,农夫的心有点痒痒了。于是,他和妻子商量要做生意。妻子是个明白人,知道丈夫虽然庄稼种得好,但不是做生意的料,就劝

他打消这个念头。

可是，农夫的主意已定，不管妻子怎么劝他都不听。

最后，妻子无奈地说："做生意总得有本钱吧，你明天就把家中的一只山羊和一头毛驴牵进城去卖了吧。"

妻子说完就回娘家了。在娘家，她找来三个人，叮嘱他们帮她办件事。

第二天，农夫兴冲冲地上路了。但他没有想到的是，妻子找来帮忙的人偷偷地跟在他的身后。

农夫贪睡，他骑在驴背上晃晃悠悠地走着，不一会儿，竟然在驴背上打起了盹。

第一个人趁农夫骑在驴背上打盹之际，把山羊脖子上的铃铛解下来系在驴尾巴上，然后，他把山羊牵走了。

不久，农夫被晃醒了，他一回头，发现山羊不见了！

于是，农夫赶紧寻找。这时，第二个人走过来，热心地问他找什么。

农夫说山羊被人偷走了，并询问这个人有没有看见。

第二个人随手向后面一指，说看见一个人牵着一只山羊从林子里走过去了，肯定是那个人偷走了山羊。这个人还催促农夫赶快去追。

农夫急着去追山羊，就把驴子交给这位"好心人"看管。谁知，等农夫两手空空地回来时，毛驴和"好心人"都不见了踪影。

农夫伤心极了，一边走一边哭。

当他来到一个水池边时，却发现有个人坐在水池边，哭得比他还伤心。

农夫挺奇怪：还有比我更倒霉的人吗？于是，他热心地问那个人哭什么。

那人告诉农夫，他带着一袋金币去城里买东西，走到水边歇歇脚，洗把脸，一不小心竟然把袋子掉进水里了。

农夫说："那你赶快下去捞呀。"

那人说自己不会游泳，如果农夫帮他捞上来，他愿意支付20个金币。

农夫一听喜出望外，心想：这下子可好了，虽然羊和驴子丢了，但是自己还能挣到20个金币。于是，他连忙脱光衣服跳入水中。

农夫捞了半天，什么也没捞着。当他空着手从水里爬上岸时，却发现衣服和干粮都不见了！那个丢金币的人自然也不见了。

最后，农夫只好灰溜溜地回家了。

当农夫回到家，却惊奇地发现山羊和毛驴竟然都在家中，这时，妻子对他说："没出事时麻痹大意，出现意外后惊慌失措，造成损失后盲目弥补。你连这些基本的风险都预料不到，又怎么能在商海里征战呢？你还是老老实实地在家中种地吧！"

问孩子的问题

1.农夫为什么想要去做生意？

2.农夫的妻子为什么劝农夫打消这个念头？

3.农夫的妻子为什么要请三个人去陷害农夫？

4.这个故事告诉我们一个什么道理？

参考答案

1.因为农夫庄稼种得好，村里人夸他聪明，甚至有人认为，这么聪明的人如果去做生意肯定能发大财，农夫在他人的夸奖下，头脑发热，以为自己真是做生意的料，于是决定去做生意。

2.农夫的妻子知道丈夫虽然庄稼种得好，但不是做生意的料。

3.因为妻子想让农夫知道，生意并不是那么好做的，它不仅需要一个人处处谨慎，而且要求处事冷静，善于控制风险，如果一个人连这些本领都没有，是不可能做好生意的。

4.这个故事告诉我们：每个人都有自己擅长做的事情，但是，并不是擅长做一件事情就可以做好其他任何事情，如果对自己缺乏认识，盲目地认为什么能赚钱就去做，结果往往是上当受骗。因此，每一个人都应该踏踏实实做好自己最擅长的事情，只有把精力放在自己最擅长的事情上面，我们才可能获得财富。

第41堂课　教孩子做预算

本课要点：

让孩子学会制作预算表，根据自己的情况制作财务计划。每一个善于理财的人，必然是个财务高手。因为，一个人要想在这充满诱惑的花花世界中不为所动，最好的办法就是严格按照财务计划花钱。

如果孩子学会了制作财务计划，他就能够清楚地认识到自己当前的财务状况，并以此来指导自己的消费，从而做到有效理财。

第一，让孩子学会制作月份财务预算表。

父母应该教孩子根据自己的需要，列出当月需要购买的物品，并计算每件物品需要的花费额，统计一个总的花费额，这个总花费额就是孩子当月的预算表。然后，父母应该指导孩子根据当月的财务预算表来购买当月的物品，对于超预算的物品，原则上不能购买，如果确实出现一些必须购买的物品，例如，学校规定需要购买的教材等，父母则应同意孩子购买，并把这项列入超预算物品，在当月中减少其他方面的支出，以此来弥补超额的支出。

第二，让孩子学会制作月份财务决算表。

财务预算表完成后，父母要教育孩子在购物的时候保存购物小票、收据、发票等，并让孩子把这些已购物品与预算表对比一下，是否有超预算物品出现，如果出现，要把超预算物品列为单独一项。

第三，让孩子学会分析现金流。

父母要教孩子把这些购物小票、收据、发票等分成几大类，例如食物、衣服、书本、娱乐等，并让孩子分析自己花钱的流向，看看自己的钱都花在什么地方了。对于必要的支出父母应当支持，对于不必要的支出，如超额的零食、过多的唱片等都应该限制购买。如食物支出超支，就要考虑削减衣服支出或者娱乐支出来控制总额。告诉孩子这是执行财务计划最困难的地方，但是总比长期处于财务困境要好得多呀。

第四，教孩子根据自己的预算表、决算表和现金流来调整自己的消费

支出。

月底的时候，要教孩子根据预算表、决算表和现金流来评估自己消费中存在的问题。教会孩子在计划与实际花销的对比中，积累经验教训，决定下月计划中删除某一项费用，或者为将来购买另一项更大花费的物品提早开始节省。长期下来，你就会发现孩子改变许多，可以量入为出而且游刃有余。

另外，父母应该教孩子准备一些随心所欲的零用钱。这些零用钱可以帮助孩子在遇到紧急情况时备用。当然，数额不能巨大，一般以占月总计划支出的5%为宜。

亲子小游戏——我们一起来做家庭预算

材料：纸、笔、尺等用品。

游戏目的：让孩子学会怎样制作预算表。

活动内容：

1. 在一张纸上画一张表格。

2. 根据家庭情况填写预算表。

3. 告诉孩子，基本支出是保障全家人生活的费用，是必须支出的费用；短期支出主要是用来改善生活的，因此要量力而行，不能超支；临时支出主要是用于应酬和礼节来往的，因此也要确定一定的预算额度，不能超支。

亲子小故事——小洛克菲勒和儿子的合同

石油大王洛克菲勒的儿子小洛克菲勒一生为公共事业捐献了5000多万美元。他曾经出资修缮凡尔赛宫，设立了阿卡迪亚和格兰德泰顿国家公园，捐献地皮给联合国在纽约设立总部。但是，小洛克菲勒本人对于花钱却是非常吝啬。

有一次，小洛克菲勒到一家他经常去的餐厅用餐。

每次餐后，小洛克菲勒习惯付给服务员15美分的小费。但是这一天，他用餐后却不知为何原因，仅付了5美分的小费。

服务员见小费比往常少，不禁埋怨说："如果我像您那么有钱的话，我

绝不会吝惜那10美分。”

小洛克菲勒却毫不生气,笑着说:“这也就是你为何一辈子当服务员的缘故。”

在小洛克菲勒看来,一个人不能做钱财的奴隶,相反,应该把钱财当做奴隶来使用。

小洛克菲勒不仅对别人如此,对自己的儿子也是如此。他在给儿子零花钱的时候也非常苛刻。

46岁的小洛克菲勒给14岁的儿子洛克菲勒三世的一封信中列出了零用钱的要求,信的全文如下:

爸爸和约翰的备忘录——零用钱处理细则

1. 从5月1日起约翰的零用钱起始标准为每周1美元50美分。

2. 每周末核对账目,如果当周约翰的财务记录让爸爸满意,下周的零用钱上浮10美分(最高零用钱金额可等于但不超过每周2美元)。

3. 每周末核对账目,如果当周约翰的财务记录不合规定或无法让父亲满意,下周的零用钱下调10美分。

4. 在任何一周,如果没有可记录的收入或支出,下周的零用钱保持本周水平。

5. 每周末核对账目,如果当周约翰的财务记录符合规定,但书写或计算不能令爸爸满意,下周的零用钱保持本周水平。

6. 爸爸是零用钱水准调节的唯一评判人。

7. 双方同意至少20%的零用钱将用于公益事业。

8. 双方同意至少20%的零用钱将用于储蓄。

9. 双方同意每项支出都必须清楚、确切地被记录。

10. 双方同意在未经爸爸、妈妈或斯格尔思小姐(家庭教师)的同意下,约翰不可以购买商品,或向爸爸、妈妈要钱。

11. 双方同意如果约翰需要购买零用钱使用范围以外的商品时,约翰必须征得爸爸、妈妈或斯格尔思小姐的同意。后者将给予约翰足够的资金。找回的零钱和标明商品价格、找零的收据必须在商品购买的当天晚上交给

资金的给予方。

12. 双方同意约翰不向任何家庭教师、爸爸的助手和他人要求垫付资金（车费除外）。

13. 对于约翰存进银行账户的零用钱，其超过20%的部分（见细则第八款），爸爸将向约翰的账户补加同等数量的存款。

14. 以上零用钱公约细则将长期有效，直到签字双方同时决定修改其内容。

以上协议双方同意并执行。

小约翰·D·洛克菲勒（签名）

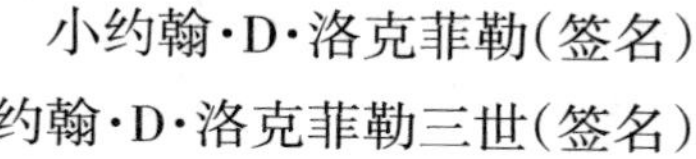

约翰·D·洛克菲勒三世（签名）

问孩子的问题

1. 你觉得小洛克菲勒是不是一个吝啬鬼？

2. 你觉得小洛克菲勒是怎样成为富翁的？

3. 小洛克菲勒这么有钱，却对儿子这么小气，你觉得这样的父亲是不是太没人道？

4. 如果你的父母给你规定使用零花钱的额度，你会有意见吗？

参考答案

1. 我觉得洛克菲勒并不是一个吝啬鬼，他只是比较节俭。

2. 小洛克菲勒正是因为节约每一分钱才一步一步走向富裕的。我们每一个人都应该向他学习，不要乱花钱。

3. 小洛克菲勒这么有钱是因为他善于理财，他给儿子规定了零花钱花费的用途和额度实际上是要培养儿子的理财能力，这样的父亲看起来没有“人道”，实际上是为儿子好。

4. 如果父母给我规定零花钱的用途和额度，我会与父母一起商量后去实施的。我觉得零花钱只要够用就可以了，没必要很多。如果父母有意识地帮助我培养理财的态度和方法，这对我的人生是有好处的，我应该感谢父母而不会有意见。

第42堂课　教孩子学会收藏

本课要点：

让孩子明白收藏不仅是一种兴趣和爱好，也是一种投资方式。收藏是投资理财的一种。许多有钱人都喜欢收藏一些有价值的东西，诸如珠宝、玉器、瓷器、钱币、油画等。这些收藏品由于其稀缺性，往往具有极大的价值，随着收藏年限的增加，收藏品的价值也会越来越高，从而起到保值增值的作用。大多数家庭不可能去收藏一些昂贵的收藏品，但是，我们可以挑选一些价格便宜，但也有一定收藏价值的物品，诸如怪石、邮票、奥运纪念品等。有些物品，诸如门票、月票、粮票等，如果收藏得法，也是一个不错的选择。

孩子是天生的收藏家，每个孩子都喜欢收集各种各样的东西。比如，小石头、小玩具等这些不起眼的小东西，在孩子看来往往具有很大的魅力。如果父母善于引导孩子，不仅能够让孩子学会如何收藏，而且能够培养孩子做事有条理的好习惯。

第一，保护孩子的收藏兴趣。

令许多家长不可思议的是，孩子似乎尤其喜欢收藏一些在大人们看来是破玩意儿的东西，诸如丢弃的门票、电话卡等。家长们总是呵斥孩子："你把这些破玩意儿收集起来有什么用?"有些家长甚至生气地把孩子的收藏品扔进了垃圾桶。事实上，不管孩子喜欢收藏什么，这对孩子来说具有重大的意义。许多收藏品往往蕴含着很深的意义。比如，有些孩子喜欢收藏门票，不管去过哪里，总是把门票收集起来，有时候还向别人去讨要门票。如果家长能够以欣赏的眼光对待孩子的收藏，鼓励孩子讲讲收藏背后的故事，家长们就会发现，孩子在收藏中不仅获得了快乐，还获得了知识与精神财富。

因此，不管孩子喜欢收藏什么，作为家长最好能够以欣赏的眼光对待，保护好孩子的收藏兴趣，引导孩子做好收藏工作。比如，孩子收集了各种各样的树叶后，父母可以教孩子先把树叶晒干，然后把树叶进行分类，粘贴

到一个专门的本子上。如果孩子喜欢收藏邮票，可以给孩子专门准备一个盒子，让孩子专门放置收集到的邮票。要教孩子清洗掉邮票上的残余纸片并晒干，然后帮孩子把收集到的邮票放到专门的集邮册里。如果孩子喜欢收集毛线玩具，可以专门给孩子准备一柜子，让孩子放置各种各样的玩具。

总之，只要家长以欣赏的眼光看待孩子的收藏，就能够保护好孩子收藏的兴趣。

第二，赠送孩子一些值得收藏的物品。

在春节、孩子生日等日子里，父母可以送孩子一些值得收藏的物品，比如，各国的钱币、各种纪念章、邮票、旅游门票、画册、小人书等。这些收藏品不仅有一定的保存价值，而且孩子可以从中学到许多知识。经过父母的恰当引导，孩子不仅能够培养起收藏的意识，而且能够对收藏有一个更好地了解，从而培养孩子的理财意识。

第三，教给孩子专业的收藏知识。

收藏需要一定的收藏知识，如果收藏品选择不当，或者保存不当，收藏品的价值都会受到影响。因此，父母要掌握一定的收藏知识，并把这些知识教给孩子，让孩子学会正确收藏。

比如，收藏图书。并不是任何图书都有收藏投资价值的。一般来说，只有下列几种图书值得投资。

1. 名人签名本。

名人的签名留言具有一定的保存价值，尤其是名气很大的名人。如莎士比亚的签名价值200万美元。

2. 绝版印刷本。

即只印一次，以后不再印刷。这样的图书因为存世量有限，保存价值尤其大。如上海科技文献出版社出版的丝绸版《上海地图》，只印1000份，印后就毁版，成了绝版珍藏本。

3. 初版精印本。

精印本是特殊印刷本，数量很少，若是编号限量印刷则更珍贵。如上海译文出版社1993年9月初版《夏洛外传》只印精装本50册，收藏价值极高。

4. 古籍图书。

那些年代久远的古籍图书，因存世量有限，都具有较高收藏价值。

5. 创刊号杂志及报纸。

因为是创刊号，往往具有一定的历史背景，而且存量往往较少，因此，具有较高的收藏价值。

第四，教孩子具有长期的收藏思想和态度。

收藏能否成功，与收藏者的思想和态度有极大的关系。

1.收藏要长期坚持。

要想收藏成功，就需要长期坚持，半途而废往往很难取得成功。

2.要确定收藏的专题。

收藏什么可视自己的兴趣和收藏品的价格来确定，但是，如果能把收藏品做一个专题，有目的地去收藏，那么，取得成功的可能性就很大。比如，收藏地铁票，可先收藏现在的地铁磁卡等，然后再去收藏早期的地铁月票等。

3.要有超前的眼光。

收藏什么物品，并不需要盲目跟风。越是热门的收藏品，所花费的钱往往越大，而且收集的难度也相对较大。如果从冷门的收藏品开始，则能够独辟蹊径取得成功。

亲子小游戏——我的收藏品

游戏目的：培养孩子的收藏兴趣，让孩子学习收藏的知识。

活动内容：

1.根据孩子的兴趣爱好，要求孩子收藏某一物品。比如，各种卡片、各种模型等。只要是孩子兴趣所在的物品，都可以拿来收藏。

2.给孩子提供一定的物质条件，比如提供抽屉、展示柜等，要求孩子把自己的收藏品分类保存，并配上一些说明。

3.邀请亲戚朋友参观欣赏孩子的收藏品，并对孩子的收藏行为及收藏品的价值进行点评，以引导孩子更好地收藏。

亲子小故事——“钱痴”的故事

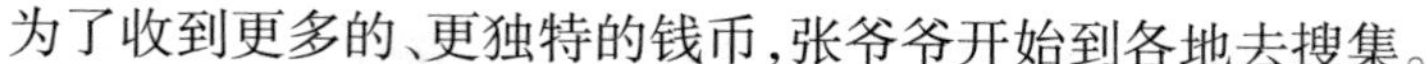

有一个名叫张峪泉的爷爷，他有一个特别的爱好，那就是收藏钱币。为了收藏钱币，他辞掉了一份很好的工作，至今，他收藏钱币已经近40年了。

1967年的一天，张爷爷和其他两个人一起外出办事，意外地得到了三枚银元。从此，张爷爷迷上了收藏钱币。

当时废品公司为了多收铜，规定：两斤铜，可以换一斤铜钱。张爷爷就四处去收集废铜，然后到废品公司去换铜钱。

为了收到更多的、更独特的钱币，张爷爷开始到各地去搜集。

有一次，他发现甘肃天水一带有人收藏有西夏钱。西夏钱由于流传于世的数量不多，就格外珍贵。而且，西夏钱主要集中在甘肃一带，其他地方很少看到。

为了得到西夏钱，张爷爷三次跑到甘肃，希望收藏者能够卖一枚给他。但是，无论他出多少价钱，对方就是不卖。

最后一次去购买的时候，张爷爷得知对方正在寻找三国时期的钱币，正好张爷爷手上有80枚三国时期的钱币，于是，张爷爷用两枚三国时期的钱币，换来了一枚西夏钱。

后来，由于对钱币的痴迷，张爷爷干脆辞去了工作，专门搜集钱币。他只要听说什么地方有独特的钱币，就马上放下手中的活，跑过去看。一旦看到自己喜爱的钱币，就会买下来，仔细欣赏，有时候甚至通宵不眠地看，是个十足的“钱痴”。

张爷爷在个人生活方面，非常节约，西服每件不超过300元，皮鞋一双不超过60元。但他买起铜钱来，却毫不吝惜，一枚铜钱2000元，只要是看中了，他连眉头都不会皱一下。

收藏的钱币越来越多了，张爷爷不仅学到了许多知识，而且在文物市场开了一家小店，专门经营钱币。后来，张爷爷又经营一些玉器、铜器、像章之类的收藏品。

现在，张爷爷收藏的钱币已经非常多了，店面也越来越大了。他一点也不后悔自己辞去了工作，相反，他觉得收藏钱币不仅是一件特别有意思

的爱好，而且可以挣钱，是一件很有意义的事情。

问孩子的问题

1.你觉得张爷爷辞掉工作去收藏钱币是不是一件愚蠢的事？

2.为什么张爷爷会觉得收藏钱币是一件很有意义的事情？

3.你觉得收藏是浪费金钱的一种行为吗？

4.你有什么收藏的习惯？你愿意去收藏一些自己喜欢的东西吗？

参考答案

1.张爷爷虽然辞掉了工作，但是，他从收藏中获得了快乐，后来又开起了文物小店，有了自己喜欢的工作，这是一件很好的事情。

2.因为张爷爷觉得收藏钱币不仅可以学到一些知识，获得快乐，而且可以挣到钱。

3.收藏首先是一种兴趣和爱好，每个人都可以收藏一些自己喜欢的东西。同时，收藏是投资的一种，尤其是收藏的物品本身是稀缺的、有价值的，比如收藏货币、收藏邮票等。

4.略。

第43堂课　教给孩子保险的意识

本课要点：

让孩子明白保险的基本知识，并让孩子亲自参与一些保险事宜，理解保险的保障和预防作用。

一位女士曾经这样说："如今挣钱不容易，要让钱有价值地用在孩子身上，决不能让孩子养成乱花钱的习惯。我们为孩子栽下摇钱树的办法就是选择买保险，这样，既能使孩子的压岁钱保值增值，又能为孩子储备一笔保险和教育费用。"

在现代社会，保险是父母为孩子设定教育基金的一种比较理想的理财工具，也是一种很好的投资保障的方式。它具有储蓄、保障、分红和投资等多项功能，并且比较稳定。因此，父母要从小教给孩子保险的意识，让孩子了解一些保险的知识和方法。

第一，给孩子存一份教育储蓄。

目前大部分银行都有教育储蓄，这种储蓄其实相当于保险。父母每月固定给教育储蓄的账户上存入一定的钱，当孩子到一定年龄的时候，这笔教育储蓄就可以用来保障孩子的学习。而且，教育储蓄的利息一般都高于其他储蓄，也是一种理财的方式。

第二，给孩子设立一个投资基金。

国外有许多富裕家庭的父母都会出钱给孩子设立一个投资基金，交给专业人士去经营。等孩子长大的时候，基金会的收益就会成为孩子经济上的保证。即使家里的经济情况遇到不测，基金会也不会受到影响，孩子今后的生活依然有保障。

第三，给孩子投保。

一份合适的保险可以防患于未然。尽管国内现在无法利用基金会为孩子今后的生活提供保障，但是，父母们完全可以利用保险为孩子提供一定的保障，同时教给孩子保险的意识。给孩子买保险有许多种类，家长可以与孩子一起分析这些保险种类的优缺点，让孩子在实践中了解保险的知识。

1. 学平险。

学平险就是学生幼儿平安保险，这是保险公司专门针对学生群体设计的一种低保费的险种。学平险的参保对象较广，下自幼儿园，上至研究生都可以参保，而且无须进行各种体检就可以参保。学平险的保障范围较广，涵盖了意外伤害、意外门诊、住院医疗等保障。比如，某保险公司的学平险保费为50元／年，涵盖了意外伤害保险（保额1.3万元）、意外门诊险（保额1500元）、定期寿险（保额1.3万元）以及住院医疗保险（保额6万元）。

少年儿童往往比较好动，容易发生磕碰意外，因此，学平险是孩子投保的第一选择。而且，学平险的保费较低，一般在20~50元之间。建议每一个家庭都为孩子购买学平险，万一孩子发生意外，就可以减少家庭的压力。

2. 储蓄型保险。

教育储蓄型保险主要是为孩子准备教育金，购买这种保险，相当于给孩子存了一笔钱，当然，孩子同时也能获得一定的保险保障。

第四，了解一些参保及理赔的知识。

保险不是投了保险就可以了，关键是要了解参保的一些事项及理赔时的一些事项。比如，学平险在参保时要注意几点：

1. 要认真阅读保险合同，了解以下具体的内容。

保障的范围主要有哪些？

烧伤、烫伤等常见的意外是否被列入保险责任？

孩子发生意外或者患病后是如何理赔的？

合同约定的理赔比例是多少？

不同的保险公司的学平险在保障功能上有些许差别，家长可以根据孩子的年龄、性别及身体状况等因素综合比较后再作决定。

2. 不要超过保险公司规定的保额。

根据规定，未成年被保险人投保的身故保险金额累计不能超过10万元，超出部分保险公司不承担赔偿责任且不退还所缴保费。因此，家长给孩子投保时没有必要超过保险公司规定的保额，因为即使超过，保险公司也不会赔付的。

再比如，学平险在理赔时要注意几点：

1. 及时通知保险公司理赔。

一旦孩子发生意外或者疾病，家长应该立即通知保险公司或者由学校代为向保险公司通报。因为一般规定的报案期为3天。

值得注意的是，学平险的保单有90天的观察期，对于首次投保学平险的孩子，只有在保单生效满90天后，保险公司才会对住院医疗的费用进行赔付。

2. 保留好相关的材料。

住院医疗保险需在保险公司规定的二级（含）以上医院住院就诊。索赔时需提供保险单原件、复印件、发票原件、病历、出院小结、费用明细单、身份证明复印件和学校证明等，因为保险公司在理赔时要看原始凭证。

3. 注意自费项目。

同社保自费药和自费项目规定一样，凡列在社保自费药、自费项目名

单上的内容,学平险都不予保障。

亲子小游戏——我的医疗保险

游戏目的:让孩子明白保险的作用,了解投保与理赔的关系。

活动内容:

1.模拟医疗保险的规则,要求孩子每个月向父母上缴一定额度的保费,父母则在孩子生病时报销相对额度。比如,每个月上缴5元钱,报销50%;每个月上缴10元钱,报销100%。可以让孩子选择,但是,如果孩子选择前者,剩下的50%医药费可让孩子从他的压岁钱中支出。

2.让孩子用自己的零花钱或者压岁钱去支付学平险的保费。

亲子小故事——用保险创造财富

1992年,第25届奥运会在西班牙巴塞罗那举行。

巴塞罗那一家电器商店老板,在奥运会召开前向巴塞罗那全体市民宣称:“如果西班牙运动员在本届奥运会上得到的金牌总数超过10枚,那么顾客自6月3日到7月24日,凡在本商店购买电器,就都可以得到退还的全额货款。”

这个消息轰动了整个巴塞罗那,甚至西班牙各地都知道了这件事。因为,只要西班牙运动员在本届奥运会上得到的金牌总数超过10枚,每一个人都可以在这家商店得到“免费”购物的机会。于是,人们争先恐后到那家商店去购买电器。尽管这家电器商店的价格比其他商店要贵,但是,人们依然大老远到这里购买电器。

结果,令顾客兴奋的事情终于发生了!到了7月4日,西班牙的运动员就已经获得了10块金牌和1块银牌。按照电器老板的宣称,他应该给从6月3日开始至7月4日在本店购买电器的顾客退还全部的电器费,而且,从7月4日至7月24日购买这家商店的电器,也是全部可以退款的!

这下子,购买的人更多了!如果这段时间购买电器全部可以得到退款的话,这位老板将要退还给顾客100多万美元!人们不敢相信电器店老板会遵守诺言。

但是，老板却对顾客说："从9月开始，我将退回全部电器费！"人们都觉得非常奇怪。原来，这位聪明的电器店老板早就做好了安排。

在他向巴塞罗那市民宣布可以退款的条件时，他已经去保险公司投了专项保险。保险公司的体育专家仔细分析了西班牙运动员可能得到的金牌数，一致认为不可能超过10枚金牌。因为往届奥运会，西班牙得到的金牌数最多也没超过5枚，于是保险公司接受了这个保险。

这样，电器店老板就没有后顾之忧了。如果西班牙运动员在本届奥运会上得到的金牌总数不超过10枚，那么，巴塞罗那市民由于在广告的作用下，就会大量购买这家电器店的商品，电器店就会卖掉很多商品，挣很多的钱，保险公司也没有什么损失。如果西班牙运动员在本届奥运会上得到的金牌总数超过了10枚，那么，电器店需要退还顾客的货款，而根据保险的条款，这个费用将由保险公司来承担，这样，表面上看起来，电器店损失了许多钱，实际上，这些钱是由保险公司付出的。这样，不管西班牙运动员在本届奥运会上得到多少金牌，电器店都会获得很大的收益。

问孩子的问题

1. 电器店老板的方法是不是很好的方法？

2. 在这个故事中，得益的是谁？损失的是谁？

3. 为什么保险公司会同意电器店老板的投保？

4. 保险公司是不是会损失很大？

参考答案

1. 电器店老板方法实在是太好了。因为他把自己的风险转嫁给了保险公司。如果金牌数没有超过10枚，他就可以卖掉很多电器，挣很多钱。如果金牌数超过10枚，那么，电器店需要退还给顾客的钱则由保险公司来承担。

2. 得益的是电器店老板和顾客，损失的是保险公司。

3. 因为保险公司通过分析认为，西班牙的运动员得到的金牌数不可能超过10，所以保险公司同意了电器店老板的投保。

4. 对于保险公司来说，损失确实是巨大的。但是，保险公司却树立了信誉，这是做广告无法获得的另一种收获。

第44堂课　教孩子学会贷款

本课要点：

让孩子明白贷款的基本概念，更重要的是，告诉孩子，花明天的钱来享受生活是需要付出一定代价的。在某些时候，贷款是需要的，但是一定要综合考虑，不可盲目贷款，让自己背负上沉重的债务。

也许我们很早就听说过中国老太太和外国老太太的故事。

一个中国老太太在死后上了天堂，她对上帝说："我这一生是幸福的，我在死之前终于攒够了买房子的钱，我的孩子就能够住上宽大的房子了。"一个外国老太太死后也上了天堂，她对上帝说："我这一生是幸福的，我在死之前终于还清了买房子的贷款，我这一辈子一直住在宽大、明亮的房子里。"

当今社会，越来越多的人意识到，许多时候，我们需要通过贷款来消费一些物品。贷款尽管会产生利息，但是，也可以抓住机遇购买到便宜的东西；可以尽早享用物品带来的价值；可以借别人的钱去做一些投资……贷款其实也是一种理财之道。

在中国，大部分家长都会教育孩子把钱存起来，对于年幼的孩子来说确实应该如此，这样，孩子会学会如何控制自己的支出。但是，随着孩子年龄的增长，父母不仅应该让孩子明白贷款的含义，而且应该让孩子学会在一定的情况下贷款。在日常生活中，父母可以从下面几点做起。

第一，允许孩子透支零花钱。

洛克菲勒是美国的富翁，他的儿子是一家大公司的经理。一次，儿子向父亲借1000美元，父亲给他写了一封信，忠告他："管好你的私人钱包。"他在信中还说："有一点你要记住，财富并不是指人能赚多少钱，而是你赚的钱能够让你过得更好。如果你要拥有财富，第一件事得先学会如何依自己的意愿去生活，也就是如何控制你的开销。赚500块，花400块，会带给你满足；如果赚500块，花600块，那生活就悲惨了。当你的开销大于收入时，就表示你将会有麻烦。"

信中还说:“作为你的父亲,我没有权力干涉你收入的用途,我也从没有想过这么做。现在你希望向我借钱,我认为需要一定程度的保证。1000美元按每年20%的利息借给你,按每周10美元预先从工资收入中扣下还给我,我已经将这点意思明确写下来,希望你签字认可。你或许会说我过于严厉,但是今后,当你为付清‘预想不到的花费’而借款时,这样的条件恐怕还不够。”洛克菲勒忠告儿子:“财富指的是你生活品质的程度,而非你赚钱的多寡。要体会富有的滋味,并不需要靠着上亿的财产,而是去过你真正想过的生活。”

在国外,不少家长都允许孩子透支他的零花钱。当孩子喜欢某件物品的时候,如果这件物品确实是孩子需要,或者对于孩子来说有某种意义的时候,父母一般都会先借钱给孩子,并和孩子签订贷款合同,制订分期还款计划,要求孩子通过存钱、做家务等形式,慢慢来还清贷款。这些父母认为,让孩子透支自己的零花钱,并通过各种方式来偿还贷款时,孩子实际上在学习一种长远的理财能力。而且,通过与孩子签订合同,并严格按照合同执行,又可以让孩子养成守信用的好习惯。

第二,让孩子了解助学贷款。

“如果没有这6000元的助学贷款,我肯定交不起学费,可能都上不了大学了。”就读于华南师范大学的广西贫困生小陈说,助学贷款让她有机会上大学。国家助学贷款是由国家指定的商业银行面向在校的全日制高等学校中经济困难的学生发放的个人信用贷款。国家助学贷款可用于学生在校期间的学费、住宿费和基本生活费的支出。

与其他贷款不同的是,国家助学贷款无须抵押、政府给予全额贴息。这就保证了贫困生都有上大学的机会。而上大学就是一种智力投资,大学毕业后的就业机会和报酬会相对较高。因此,国家助学贷款对于这些贫困生来说无疑是一项保障性的资助形式。

第三，让孩子了解一些贷款的基本方法。

1.信用卡透支。

根据银行有关规定，信用卡持有人在急需时可以透支，透支额度随着信用卡持有人在办理信用卡时出具的信用凭证的不同而不同，少至几百，高至几万。需要注意的是，信用卡透支后一定要准时归还，逾期不还必定受罚。银行规定信用卡透支款有一定的免息天数，在此期间还款的不收利息；超过免息天数，就要交纳透支利息；如果长期不还款，将受到加倍罚息、取消信用卡使用资格等处罚，情节严重的拖欠行为还可能被法律制裁。

2.存单质押贷款。

存单质押贷款是指以未到期的定期储蓄存款存单作质押，从储蓄机构取得一定金额的贷款，到期归还贷款本息的一种存贷结合业务。我国《储蓄管理条例》规定，凡定期储蓄存单未到期，提前支取时一律按活期利率计付利息。而储户以未到期的储蓄单向储蓄机构申请质押贷款，既解决了家庭急需资金又不致损失存款利息。根据目前银行规定，定期存单小额贷款的起点额度是1000元，最高限额是10万元人民币。存单质押贷款的利率按银行贷给企业的流动资金同档次贷款利率计算，贷款期限一般不得超过一年。

另外，作为质押物的定期储蓄存单仅限于未到期的整存整取、存本取息、大额可转让定期存单（记名）和外币定期储蓄存款存单。除此之外，如活期、零存整取等存单均不能作为质押物。

3.典当贷款。

典当贷款是以物品为质押向典当行取得一定金额的贷款方式。典当物品的范围为金银珠宝、有价证券、汽车等私人财产。典当行对于典当的物品一般是按照该商品的现时零售价的50%～80%估价，到期不能赎回的物品可以办理续当手续，否则到期5日（各个典当行规定有所不同）后即为死当，典当行有权将物品处理。典当行收费一般每月不超过当金的5%。

亲子小游戏——向妈妈贷款

游戏目的：让孩子体验贷款的滋味，了解提前享受与利息支出之间的

关系。

活动内容：

1. 与孩子商定，对于孩子想要购买的一些比较昂贵的享受性的物品，比如赛车、手机等，需要他用自己的钱去购买。自己的钱包括平时积攒下来的零花钱、替父母做家务获得的报酬及打工获得的薪水等。

2. 如果孩子需要购买一些价格昂贵的物品，但是自己却没有相应的钱时，可以允许孩子向妈妈贷款。当然，贷款有贷款的规则。比如，贷款额度不得超过1000元，贷款期限不得超过1年，贷款利率以5%计算。

3. 要求孩子根据约定的贷款规则，用自己的零花钱，或者通过做家务劳动及外出打工的方式来归还所有贷款及利息。

亲子小故事——贷款1美元

犹太富翁哈德走进纽约花旗银行的贷款部，大模大样地坐了下来。

看到这位绅士很神气，打扮得又很华贵，贷款部的经理不敢怠慢，赶紧招呼："先生，我能为您做些什么？"

"哦，我想借些钱。"哈德说。

"好啊，你要借多少？"经理高兴地答道。

"1美元。"哈德说。

"只需要1美元？"经理以为自己听错了。

"不错，只借1美元，可以吗？"哈德问。

"当然可以，但是，不管借多少钱，我们都需要担保。"经理热心地介绍着。

"喏，这是50万美元票据，这些担保可以吗？"哈德边说边从豪华的皮包里取出一张票据放在写字台上。

"当然够了！不过，你确信只要借1美元？"经理不太放心地问道。

"是的。但是我希望允许提前还贷，可以吗？"哈德问。

"当然可以。这是1美元，年息6%，为期一年，可以提前归还。归还时，我们将这些票据还给你。这是合同。"经理熟练地按规程办着手续。

"谢谢！"哈德在合同上签过字，接过了1美元，就准备离开银行。经理越想越不明白，就追上去拉住哈德问："先生，请等一下，我想知道你有50万

美元，为什么只借1美元呢？假如您想借30万、40万美元的话，我们也会考虑的。”

“啊，是这样的，我来贵行之前，已经问过好几家银行，他们保险箱的租金都很昂贵。而您这里租金的确很便宜了，一年才花6美分。”哈德回答。

问孩子的问题

1. 犹太富翁去银行做什么？

2. 每个人都可以随便去贷款吗？哈德是怎样贷到钱的？

3. 哈德自己有50万美元，却只想贷款1美元，这是为什么？

4. 你觉得贷款有什么好处？

参考答案

1. 他去银行贷款。

2. 不可以，贷款需要担保。哈德是用50万美元的票据做担保贷到钱的。

3. 哈德其实是想让人替他保管50万美元的票据，因为这些票据如果放到银行的保险箱里需要支付的租金很贵，而用50万美元的票据做担保去贷款1美元需要支付的利息很便宜。

4. 贷款可以抓住机遇购买到便宜的东西，可以尽早享用物品带来的价值，可以借别人的钱去做一些投资。

第45堂课　教孩子学会投资

本课要点：

让孩子明白财富会在通货膨胀下不断贬值，仅仅是储蓄往往是不够的。财富是需要不断投资才能不断增值的。因此，每一个人都应该学会积极地投资，使自己的财富不断增值。许多父母认为，投资是成人的事情，教孩子投资似乎有些不太恰当。事实上，这种想法正在被颠覆。

《圣经·马太福音》中有这样一个故事：

一个国王远行前，交给三个仆人每人1锭银子，吩咐他们：“你们去做生意，等我回来时，再来见我。”国王回来时，第一个仆人说：“主人，你交给

我的1锭银子，我已赚了10锭。”于是国王奖励他10座城邑。第二个仆人报告说：“主人，你给我的1锭银子，我已赚了5锭。”于是国王奖励了他5座城邑。第三个仆人报告说：“主人，你给我的1锭银子，我一直包在手巾里存着，我怕丢失，一直没有拿出来。”于是国王命令将第三个仆人的1锭银子也赏给第一个仆人，并且说：“凡是少的，就连他所有的也要夺过来。凡是多的，还要给他，叫他多多益善。”

这就是有名的马太效应。马太效应告诉我们，如果金钱只放在银行，在通货膨胀的作用下，只会贬值而不会增值。在生活中要学会投资，不会投资的人永远不会获得财富。

越来越多的教育机构开始重视培养孩子进行投资。日本东京就有一家太阳幼儿教室，创办人板林先生认为，在孩子年幼的时候就应该培养其创业精神，这有助于提高孩子成年后在商业中的各种能力。

板林先生从小就受到父亲的商业培养。10岁那年，父亲就给他订阅了财经报纸，尽管当时的板林根本不了解报道的内容，但是，股票上市的资料给他留下了深刻的印象，那些经常变化的数字更令他着迷。后来，他父亲给了他一大沓公司资料，12岁的板林便开始分析认购股权，用自己的零花钱购买股票等。两年后，板林从香港引入尚未被日本人所认识的乌龙茶，从中赚取了一笔可观的收入。板林先生认为，父亲尽管没有教他怎么做，但是，父亲却鼓励他去做。因此，他在年幼的时候就学会了怎样去投资和创业。

如今，在板林先生的太阳幼儿教室里，已经有120多名学员，他们大多是企业家或公司董事长的子女。在这里，这些孩子们主要学习怎样经营一家公司，包括从利润及亏损、广告、资源分配、销售到市场调查及生产等各个环节。在学习过程中，老师们只是从旁辅导，所有的决定都需要孩子们自己去想，同时，他们还需要进行实习。板林先生说，创办这所学校的最终目的是为了激发孩子们的创业精神和赚钱潜能，鼓励他们成为新一代的人才。“我们想让孩子成为能为自己将来打算及付诸行动的人……这样他们会变得更加坚强，不但在企业世界里，甚至在自己的职业中也能生存。”板

林说。

因此,父母要尽早教孩子学会投资。把钱用于消费,钱只会越用越少;把钱用于投资,钱会越用越多。一旦孩子理解了投资的价值,他们就不会再乱花钱了。

加拿大艾伯塔省的一位17岁高中女学生莱丝莉·斯考吉从小就学会了投资,她希望自己在25岁的时候能够成为百万富翁。莱丝莉·斯考吉从10岁起就把当保姆及派发广告赚来的钱拿来投资加拿大储蓄公债,不久又转而投资一家基金和证券市场,这些投资帮她得到了许多收益。莱丝莉·斯考吉说:“赚钱的最关键之处不在于拼命干活,而在于寻找致富的点。”

因此,在日常生活中,有投资能力的父母则可以尝试让孩子参与投资,使钱生钱。一般来说,让孩子尝试的投资方式有以下几种。

第一,储蓄理财。

储蓄理财包括银行的各种理财方式,如购买基金、国债等。

在金融机构工作的王先生有一个10岁女儿和一个8岁儿子,两个孩子每年的压岁钱都达1万元。王先生在与子女沟通后,每年都结合两个孩子的压岁钱进行投资。他分别用女儿和儿子的名字开设了账户,并购买一些稳健型的基金。每年年底时,他都会告诉孩子目前的投资情况,让孩子分享投资理财的经验。

第二,购买股票。

购买股票的风险较大,对于孩子来说,只可以尝试一下,让孩子了解股市的一些操作原则就行了。

13岁的开端总是喜欢吃麦当劳,他的父亲是个炒股高手,于是,父亲在儿子13岁生日的时候送了他10股麦当劳的股票。以后,每年的生日,父亲都会送儿子几十股麦当劳的股票。两年后,儿子的股票市值不仅翻了一番,而且,他也获得了一定的股票投资经验。

另据《新京报》报道,华裔男孩司徒炎恩10岁就开始读《华尔街日报》,14岁的时候用爷爷奶奶给的700美元零花钱买了一家软件公司的股票,3个月后,这只股票猛涨114%。凭着这次成功,司徒炎恩动员全家人出资

3.3万美元，组成一个以他的名字命名的“共同基金”，由他来管理、操作，身手不凡，年平均收益达30%以上。司徒炎恩被《华尔街日报》誉为“股市神童”，他还出版了一本名为《华尔街天才儿童投资指南：我是怎样得到34%投资回报率的》的书。

第三，创业实践。

温州的孩子们对创业情有独钟，因为温州的家长们都支持孩子们去创业。温州的许多学生都开始尝试以网上开店的方式来积累自己的经商经验。网上开店只要有一台可以上网的电脑，一堆小商品或二手闲置品，然后登录网站、注册“店铺”、发布产品信息和图片，就可在网上开张一家小店，开始“人在家中坐，钱从网上来”的赚钱之路。

亲子小游戏——让钱生钱

材料：孩子储蓄的一笔钱或者孩子的压岁钱，数目一般在1000元以上。

游戏目的：让孩子理解钱能不断增值的道理。

活动内容：

1.教孩子购买国债。对于不太擅长理财的父母来说，可以教孩子去购买国债，这是一种比较保守的投资之道。

2.教孩子购买基金。如果父母对基金有一定的了解，可以教孩子去申购基金。基金有许多种类型，比如，国债型基金、股票型基金等，每种基金的风险程度不一样，父母要教孩子根据不同的风险去确定自己的投资。

3.教孩子购买股票。股票是一种高风险的投资，需要有父母擅长炒股。如果父母在股票投资方面有良好的控制能力，不妨尽早教孩子了解股市的一些情况，让孩子理性地去接触股票。

亲子小故事——埋在坑里的金块

从前，有一个节俭的老人，他辛辛苦苦做了一辈子，终于攒了一块砖头大小的金块。老人舍不得把它花掉，就把金块藏在枕头底下，每天睡觉也枕着它睡，心里感觉非常踏实。

但是，过了几天，老人觉得把金块放在枕头下不太安全，如果小偷来

了,会发现放在枕头底下的金块。于是,老人又把金块埋在了床底下的一个小坑里。

过了几天,老人忽然想到,小偷往往喜欢躲到床底下,这样,埋在床底下的金块也不安全。于是,老人又把金块挖了出来。

到底藏在哪里比较安全呢?老人想来想去,决定把金块藏到后面的山上去。

这天,老人带着金块来到山上,山上一个人也没有。老人高兴地在山上挖了个坑,把金块埋进了坑里,然后在上面盖了一些树叶,并放了几块石头做记号,就老人安心地回家了。

第二天,老人惦记着山上的金块,于是大清早就到山上去看金块。他见周围没有人,就扒开泥土,把手伸进去一摸,冰冰的,这就是自己的金块,老人放心地笑了。把泥土盖上,高高兴兴地回家。

就这样,老人每天都要上山去看金块,然后总是高高兴兴地回来。

这一天,老人又高高兴兴地从山上回来。

这时,一个小偷看到了老人,他已经观察老人好多天了,老人每天都要上山,然后总是高高兴兴地回来。小偷想,山上肯定埋着什么东西。

于是,第二天,小偷就偷偷地跟在老人后面上山去。

果然,老人见周围没人,就在一棵树下停了下来,然后扒开泥土,把手伸进去摸了摸,就高高兴兴地回家了。

小偷记下了那个小坑的位置,等老人走后,小偷就扒开那个坑,把坑里的东西挖了出来,原来是一块金块呀!小偷高兴得不得了。

于是,小偷把金块放进了自己的口袋。为了不让老人发现,小偷从街上买来一块与金块一样大小的铁块,把铁块放进了坑里,并照原样放好石头和树叶。

第二天,老人又上山去看他的金块。他来到坑边,把手伸进去一摸,冰冰的,心想自己的金块还在。然后,老人又高高兴兴地下山了。

就这样,日复一日,年复一年,老人每天都上山去摸他的"金块",每次摸到冰冰的就高兴地回家。其实,这块金块已经变成了铁块,但是老人却

不知道,他一直以为自己的金块好好地埋在坑里呢。

问孩子的问题

1. 老人为什么要把金块埋在山上的一个坑里呢?
2. 金块埋在坑里会不会多起来?
3. 你觉得应该怎样才能使金块越来越多?

参考答案

1. 老人觉得把金块埋在山上的坑里才不会被小偷偷走。
2. 不会多起来。如果把金块一直埋在坑里,它跟铁块其实没什么区别。
3. 应该把金块拿去投资。比如存银行、做买卖。只有投资才能够让财富不断地增值。

第46堂课　幸福不是来自金钱

本课要点:

让孩子明白幸福与否与金钱没有本质的关系,一个人应该多从精神的角度去体验幸福。

“爸爸,我连电子玩具都没有,一点都不幸福!”

“妈妈!隔壁的文文天天可以吃麦当劳,真是太幸福了!”

孩子总是觉得幸福好像来自于物质和金钱,似乎有了金钱,就会拥有任何东西,就会拥有幸福。实际上,这种想法是错误的。

有报道显示,只有大约15%的幸福与收入、财产或其他财政因素有关,而近85%的幸福往往来自诸如人生观、生活态度、人际关系等方面的影响。物质和金钱只是产生幸福感的一个因素,幸福感实际上是一种心理体验,更多地是来自于一个人的精神世界。

许多名人,诸如马克思、居里夫人、舒伯特、巴尔扎克等,他们都曾经生活在贫困中,但是,他们都有一个人生的目标,他们在为实现自己的人生目标中付出了自己的努力,并感受到了成就感,从而产生了一种内心的幸福感。而有些人虽然物质富有,但是,如果他的精神生活贫穷,幸福依然会离他非常遥远。

我们熟知的《红楼梦》里的贾宝玉生长在一个门第显赫、极为富有的封建官僚家庭里，过着饭来张口、衣来伸手的奢侈生活，这样的生活应该是许多人向往的，但是，他却过得并不幸福。因为他为封建礼教所禁锢，没有自由，整天过着碌碌无为的生活。

在当今社会，我们中的大部分人在经济方面都要比我们的父辈或祖辈们好得多。但是，我们的幸福感并没有比父辈或者祖辈们高很多。一项研究表明，当人们的居住及饮食这些基本的需求得到满足后，额外财富的增加对一个人的幸福感的影响往往是微乎其微的。比如，一个年收入20万的人与一个年收入200万的人相比，他们的幸福感也许是相当的。概括来说，幸福只是一种精神感觉。幸福感的获得往往出现在以下这些时候：需求满足的时候，逃离困境的时候，告别痛苦的时候，理想实现的时候，战胜自我的时候……

由此可见，幸福感往往来自状况出现变化的时候，即条件由坏变好、由差变优时，一个人的幸福感往往会增加；相反，当条件由好变坏、由优变差时，一个人的幸福感则会递减。

比如，当一个人没饭吃的时候，让他吃碗米饭就是最大的幸福；当一个人生病的时候，病愈体健就是他最大的幸福；当一个人失业找不到工作的时候，有一份可以解决温饱的工作就是他最大的幸福。

当然，如果条件反过来，一个人的幸福感就不会这么强烈了。比如，当一个人天天吃惯了大鱼大肉，你让他吃普通饭菜，他根本就不想吃，当然也不可能有幸福感。

因此，父母们应该让孩子明白，一个人的幸福其实并不仅仅来自于金钱。一个人应该有自己的人生目标和追求，只有做一些自己力所能及的事情，从劳动中去实现人生价值，才能体会到真正的幸福。

在日常生活中，父母不要片面强调金钱的作用，更不要强调金钱所带来的那种满足感。虽然有时候金钱确实满足了我们许多欲望，也确实让我们获得了一定的幸福，但是，对于孩子来说，我们应该弱化这种思想，让孩子体验一些积极的情感，让孩子多体验精神因素所带来的幸福感。这需要

从下面几点做起。

第一，关注孩子的需求但不立即满足孩子。孩子从婴儿时期就开始具有各种各样的需求，他们需要父母把注意力集中在他们身上，一旦父母不关注他们了，他们就会用哭闹、发脾气的方式来引起父母的注意。大部分父母总是孩子一哭闹就去满足孩子的需求，实际上，这样的做法是不利于培养孩子的积极情感的。久而久之，孩子往往会养成急躁的坏脾气，对于幸福的理解也是限于是否满足了自己的需求。正确的做法应该是积极关注孩子的需求，但是尽量采取延迟满足的策略。

第二，学会拒绝孩子但不要惩罚孩子。孩子总是蛮不讲理的，他们会提出各种各样无理的要求。作为父母，千万不要因为疼爱孩子而答应了孩子的无理要求，也不要用粗暴的方式来惩罚孩子。如果一味答应孩子的无理要求，孩子往往会养成飞扬跋扈的坏脾气，对于物质的需求也会越来越多。而用粗暴的方式来惩罚孩子，往往会对孩子的心理造成伤害，孩子则容易学会用当面一套背后一套的虚伪方式来应付父母。正确的做法应该是关注到孩子的内心需求，同时晓之以理、动之以情地告诉他不能满足他的原因。

第三，正确疏导孩子的不良情绪。当孩子向父母诉说自己不幸福时，说明孩子的心里已经形成了幸福的概念，父母应该深入地了解孩子对幸福的理解。如果父母能够了解孩子不幸福的原因，并正确地引导孩子，孩子对幸福就会有一种健康的认识。

第四，培养孩子的幸福品质。正确的意识认为，幸福既是一种外部的状态，也是一种内在的品质。幸福的感觉来得很快，消失得也很快，关键是要培养孩子幸福的品质。而具有幸福品质的孩子都具有相同的基本特性，包括自信、乐观、懂得努力奋斗、有控制世界的感觉。培养孩子的幸福感，不仅有利于提高孩子的财商，而且对于孩子的人格也有很大的影响。培养孩子的幸福品质，父母不仅要在家庭中营造宽松的氛围，让孩子在父母的引导下，尽可能多地作出自主选择，让孩子独立自主去处理一些事情。而且，应该让孩子在日常生活中得到一些磨炼，在挫折中培养孩子获得幸福

的能力。

许多教育专家认为，经受过挫折的孩子往往具有较强的受挫恢复力，他们能够乐观地看待事物，及时从挫折中解脱出来，重新振作起来，这样的孩子就更能体会到幸福感，并能从内心深处激发出一种寻找幸福的本能。

亲子小游戏——我最幸福的一件事情

材料：笔、纸。

游戏目的：让孩子明白幸福不仅仅来自金钱，帮孩子更准确地理解幸福的含义。

活动内容：

1. 爸爸、妈妈和孩子共同商量来记一件《我最幸福的一件事情》。

2. 找一个安静的夜晚，一家人聚在一起，拿出自己写的《我最幸福的一件事情》念给其他人听，并请他人评价。

3. 最后分析幸福的含义，让孩子明白，不同的人有不同的幸福感受，幸福的感受与金钱没有绝对的关系。

亲子小故事——快乐的老夫妻

很久以前，在英国的乡村中，住着一对老夫妻。他们非常恩爱，每天生活得很快乐。老婆婆总是很知足，对老公公做的每一件事情都很欣赏，从来不以金钱来衡量。

有一天，老婆婆叫老公公把马牵到集市去卖掉，然后换点更有用的东西。于是，老公公牵着马来到了集市。

刚到集市不久，老公公就将马换成了奶牛。当老公公见有人叫卖绵羊，他又将奶牛换成了绵羊。不一会儿，老公公又将绵羊换成鹅。接着，鹅又换成母鸡。最后，在往回家走的路上，老公公又将母鸡换成了一袋烂苹果。

两个过路的商人见了，就嘲笑他说："老公公，等你回到家，你的妻子一定会揍你一顿的。"

老公公却很自信地说："她才不会揍我！她永远都认为我做得对，她还会给我一个吻的。"

两个商人不相信，决定与老公公打赌。他们说，如果他们输了，就给老公公一袋子金币。老公公同意了。

于是，三个人一起往老公公家里走去。到家后，老公公就给老婆婆讲集市上的故事。

老公公刚刚说用马换了奶牛，老婆婆就说："这下咱们有牛奶喝了！"

老公公又说牛被换成了绵羊，老婆婆又高兴地说："好啊，我有毛线织袜子了！"

直到最后，当老公公说，今天带回来的是一袋烂苹果时，老婆婆上前亲了老公公一下，说："太好了！我今天去隔壁借生菜，女主人却说她家什么也没有，连一个烂苹果也不能借给我。这回我们可以把烂苹果借给她了。"

两个商人听了老婆婆的话，非常感动。

从老公公和老婆婆身上，两个商人懂得了，幸福不是来自金钱，而是来自于善良、宽容和知足。于是，他们心甘情愿地给了老夫妻一袋金币。

问孩子的问题

1. 你觉得老公公把一匹马换成了一袋烂苹果是不是很不划算？
2. 为什么老婆婆看到烂苹果后还是那么高兴？
3. 如果你是那个老婆婆，你愿意把自己的马换成烂苹果吗？
4. 你觉得两个商人为什么要把一袋金币给老公公和老婆婆？
5. 你觉得人生最重要的是什么东西？

参考答案

1. 从价值上来说，确实很不值得，但是，老公公从中获得了快乐，这是非常值得的。

2. 老婆婆认为，别人连烂苹果都没有，自己却拥有那么多烂苹果，甚至可以把烂苹果借给别人。

3. 从价值上看也许不愿意交换，但是，既然老公公已经把马换成了烂苹果，不如宽容他，让大家都获得快乐。

4. 他们认为，从老公公和老婆婆身上让他们看到了善良、宽容和知足，而这些美德是快乐的真正源泉。

5. 略。